文
化
普
华
PUHUA BOOKS

我
们
一
起
解
决
问
题

边缘计算

5G 时代的商业变革与重构

卜向红　杨爱喜　古家军　著

人民邮电出版社

北　京

图书在版编目（ＣＩＰ）数据

边缘计算：5G时代的商业变革与重构 / 卜向红，杨
爱喜，古家军著. -- 北京 ： 人民邮电出版社，2019.11（2020.11 重印）
ISBN 978-7-115-52200-9

Ⅰ．①边… Ⅱ．①卜… ②杨… ③古… Ⅲ．①无线电
通信—移动通信—计算 Ⅳ．①TN929.5

中国版本图书馆CIP数据核字(2019)第219046号

内 容 提 要

　　5G 时代正在到来，边缘计算已经成为学术界和产业界广泛关注的关键技术之一。边缘计算的发展，既给企业带来了发展机遇，也给企业带来了诸多挑战。如何部署边缘计算？如何利用边缘计算构建自身的核心竞争力？如何更好地将边缘计算应用于各种场景？本书将一一解答这些问题。

　　本书阐述了边缘计算的基本架构及其涉及的关键技术、部署方案、实施策略与路径，重点介绍了边缘计算在企业数字化转型、物联网、工业互联网、智慧城市建设、智慧交通和智慧能源等应用场景中的作用与价值。书中收录了多家企业引入边缘计算的实践案例，包括华为、思科、戴尔、中国移动和谷歌等。

　　本书适合所有对边缘计算感兴趣的读者尤其是研发人员、技术运营管理人员阅读，也可作为高等院校相关专业师生的参考读物。

◆ 著　　卜向红　杨爱喜　古家军
　　责任编辑　陈　宏
　　责任印制　彭志环

◆ 人民邮电出版社出版发行　　北京市丰台区成寿寺路 11 号
　　邮编 100164　电子邮件 315@ptpress.com.cn
　　网址 http://www.ptpress.com.cn
　　北京七彩京通数码快印有限公司印刷

◆ 开本：700×1000　1/16
　　印张：13　　　　　　　　　　2019 年 11 月第 1 版
　　字数：150 千字　　　　　　　2020 年 11 月北京第 5 次印刷

定　价：59.80 元

读者服务热线：（010）81055656　印装质量热线：（010）81055316
反盗版热线：（010）81055315
广告经营许可证：京东市监广登字20170147 号

前言

随着 5G 商业化进程的加快，5G 通信所具备的大流量、高带宽、广连接等技术优势，将为边缘计算在各个行业的落地应用提供关键基础设施，边缘计算有望成为 5G 时代的第一个风口。

在 2019 年上半年召开的全国"两会"上，"智能 +"首次被写入政府工作报告。这意味着人工智能将逐步与各个产业实现深度融合，推动经济结构的优化与升级，深刻改变人们的生活与工作方式。

实现万物互联，使所有物体都能智能地连接与运行，是人工智能实现大规模应用的重要基础和前提。边缘计算基于分布式架构，迎合了移动互联网时代去中心化的特征，使数据存储、计算和管理等功能从云端延伸到网络边缘。边缘计算可以促进物联网中物与物之间实现更加高效、稳定的传感、交互和控制。

边缘计算位于终端传感器和云端之间，面向特定的应用场景，集成了计算机、服务器、软件应用、通信设备和存储系统等多种功能单元。边缘计算也是一个可以满足数据优化、敏捷连接、应用智能、实时业务和安全防护等行业数字化需求的软硬件一体化开放平台，它在智能驾驶、智慧医疗、智慧城市、智能家居、工业互联网和企业数字化转型等诸多领域拥有广阔的发展前景。

在智能驾驶领域，高速行驶的自动驾驶汽车对语音识别、自然语言处理等实时算力有很大的需求，而且对网络延迟极为敏感。传统云计算存在网络连接不稳定、时延高等问题，降低了乘客的出行体验，不利于提高行车的安全性。引入边缘计算后，自动驾驶汽车在行驶过程中产生的海量数据可以在路边单元、基站等靠近车辆的边缘端进行实时处理，车辆可以获得更加安全、高效、灵活的网络服务，乘客的出行体验将进一步提升。

在智慧城市领域，打造智慧城市需要对城市基础设施进行改造升级，构建城市大数据一体化管理平台，推动城市转型和产业升级。在此过程中，边缘计算将在智慧政务、智慧停车、智慧社区和智慧能源等应用场景中发挥关键作用。

例如，在道路两侧的路灯、建筑物上安装智能传感器，利用这些传感器收集并处理路面状况、空气质量、噪声水平和光照强度等数据，便可为相关部门制定科学决策提供依据；在停车场安装智能传感器，便可让司机实时获取停车位信息，还能提高停车位的利用率，有效解决停车难的问题。

工业互联网是工业系统和高级计算、分析、感应技术以及互联网相互融合的产物，是全球新一轮产业竞争的制高点，承担着推动制造业数字化、网络化和智能化转型的重要使命。在边缘计算的支持下，企业可以依托边缘设备，结合行业数据特征对数据进行实时处理，从而快速响应业务需求；通过分布式边缘计算节点进行数据和知识共享，对存储、计算等资源进行横向扩展，为本地业务决策和执行优化提供必要的支持。

毋庸置疑，加快推进边缘计算的研究和应用，探索面向多个行业和领域的边缘计算解决方案，对推动产业转型升级，促进我国经济长期稳定发展具有重要的现实意义。

本书重点介绍了边缘计算在各个行业应用的逻辑、切入点和落地方案，对边缘计算的诞生背景、发展历程、崛起逻辑、技术特性和应用场景等进行了深入阐述，并结合百度、腾讯、英特尔、微软和软通动力等国内外知名企业在边缘计算领域的布局，深度剖析了未来边缘计算的商业化路径。

需要特别强调的是，边缘计算必然崛起，但它的发展目标不是颠覆或者取代云计算。从本质来看，边缘计算是云计算在边缘基础设施上的应用创新，其核心价值是拓展云的边界，解决万物互联"最后一公里"的算力问题。未来，边缘计算与云计算将形成相互协同、优势互补的发展态势，共同赋能行业的数字化转型。

目录

第 **1** 章　边缘计算：5G 商业时代的核心应用平台　　　**/ 1**

1.1　边缘计算：引领新一轮信息革命浪潮　　　**/ 3**

1.1.1　边缘计算的起源、发展与特点　　　/ 3

1.1.2　从云计算到边缘计算的演变过程　　　/ 6

1.1.3　边缘计算崛起的逻辑与优势　　　/ 8

1.1.4　边缘计算面临的机遇和挑战　　　/ 10

1.2　引爆风口：5G 商业化的关键基础设施　　　**/ 13**

1.2.1　从 1G 到 5G 的移动通信发展历程　　　/ 13

1.2.2　5G 技术引爆万亿级市场　　　/ 16

1.2.3　构建基于 5G 场景的边缘计算　　　/ 19

1.2.4　边缘计算在 5G 时代的五大应用场景　　　/ 21

1.3　边缘智能：开启未来智能商业新蓝图　　　**/ 24**

1.3.1　边缘智能的应用场景与产业生态　　　/ 24

1.3.2　边缘智能的盈利模式及面临的发展困境　　　/ 26

1.3.3　边缘智能的发展趋势与前景　　　/ 29

1.3.4　【案例】小蚁科技：边缘智能的赋能者　　　/ 31

1.4　应用场景：边缘计算重构商业与生活　　　**/ 32**

1.4.1 场景一：公共安全应急处理 / 32

1.4.2 场景二：智能互联驾驶方案 / 34

1.4.3 场景三：构建智慧医疗环境 / 36

1.4.4 场景四：推动智慧城市建设 / 37

1.4.5 场景五：打造智能家居系统 / 39

1.4.6 场景六：工业互联网的核心 / 41

1.4.7 场景七：其他商业领域应用 / 42

第②章 战略布局：边缘计算助力企业数字化转型 / 45

2.1 基于边缘计算的企业数字化转型升级 / 47

2.1.1 新一轮的技术红利与市场机会 / 47

2.1.2 边缘计算重塑新的商业模式 / 49

2.1.3 边缘计算助力企业数字化升级 / 50

2.1.4 【案例】腾讯云："云一边一端"协同布局 / 52

2.2 企业布局边缘计算的实践策略与路径 / 55

2.2.1 服务提供商要考虑的五大因素 / 55

2.2.2 边缘计算的技术模式与部署思路 / 58

2.2.3 企业构建边缘计算的策略及路径 / 60

2.2.4 企业应对边缘端安全问题的策略 / 62

2.3 玩家图谱：科技巨头争相布局边缘计算 / 66

2.3.1 云服务商：亚马逊、谷歌和 BAT / 66

2.3.2 设备厂商：华为、戴尔、思科和英特尔 / 68

2.3.3 CDN 服务商：网宿科技和 Akamai 等 / 70

2.3.4 科研机构和高校：中国信通院、卡内基梅隆大学和北京邮电大学 / 71

2.3.5 产业联盟：ECC、Edgecross 协会、Avnu 联盟和 ETSI / 73

2.3.6　运营商：中国移动、中国电信、AT&T 和德国电信　/ 76

2.3.7　【案例】浪潮：加入中国移动边缘计算开放实验室　/ 77

第③章　智能互联：边缘计算在物联网中的落地路径　/ 79

3.1　实现物理世界与数字世界的深度融合　/ 81

3.1.1　技术赋能：驱动物联网落地　/ 81

3.1.2　实践应用：迈向智能互联时代　/ 83

3.1.3　设备协同：OT 与 IT 深度融合　/ 85

3.1.4　边缘计算与物联网相融合的解决方案　/ 86

3.1.5　【案例】力安科技：物联网时代的智慧消防　/ 88

3.2　边缘设备：引领工业数字化转型升级　/ 89

3.2.1　边缘设备：物联网真正落地的核心　/ 89

3.2.2　应用场景：扩展物联网的有效策略　/ 91

3.2.3　智能工业：推动工业物联网建设　/ 93

3.2.4　产业格局：构建物联网生态系统　/ 95

3.2.5　【案例】微软：从操作系统到智能边缘　/ 96

第④章　边缘人工智能：重新定义边缘计算的应用价值　/ 99

4.1　边缘人工智能：人工智能驱动万物互联　/ 101

4.1.1　基于边缘人工智能的万物互联时代　/ 101

4.1.2　人工智能重新定义边缘计算的应用场景　/ 103

4.1.3　边缘人工智能助推智能工厂模式落地　/ 104

4.1.4　【案例】百度：智能边缘产品的应用实践　/ 106

4.2　从云到端：边缘计算人工智能芯片市场格局　/ 109

4.2.1　边缘智能终端设备市场的兴起　/ 109

4.2.2 边缘服务器市场的格局与玩家 / 111

4.2.3 边缘终端芯片市场的竞争格局 / 112

4.2.4 【案例】联发科：边缘人工智能的商业场景应用 / 114

第5章 工业互联网：提供未来智能制造解决方案 / 117

5.1 智能制造："工业 4.0"环境下的边缘计算 / 119

5.1.1 智能制造掀起新一轮工业革命 / 119

5.1.2 工业 CPS 应用的重要基石 / 120

5.1.3 边缘计算在智能制造中的应用 / 122

5.1.4 【案例】ECC：赋能智能制造 / 124

5.2 工业互联网：数字产业的下一个风口 / 127

5.2.1 工业互联网面临的机遇与挑战 / 127

5.2.2 工业互联网对边缘计算的需求 / 129

5.2.3 从概念推广到全面布局的演变 / 131

5.2.4 从 5G、边缘计算到工业互联网 / 134

5.3 边缘计算在工业互联网领域的应用特点与场景 / 135

5.3.1 边缘计算在工业互联网中的应用特点 / 135

5.3.2 边缘计算在工业互联网中的应用方向 / 137

5.3.3 边缘计算在工业互联网中的场景实践 / 139

5.3.4 推动工业互联网边缘计算发展的策略 / 141

第6章 智慧城市：边缘计算让城市生活更美好 / 143

6.1 边缘计算在智慧城市建设中的实践路径 / 145

6.1.1 解决智慧城市建设面临的痛点 / 145

6.1.2 边缘计算推动智慧城市的落地 / 146

6.1.3 边缘计算在智慧城市中的应用 / 148

6.1.4 边缘计算在智慧水务中的应用 / 151

6.1.5 【案例】软通动力：城市云服务解决方案 / 153

6.2 智慧安防：开启智能安防监控 2.0 时代 / 155

6.2.1 "边缘计算＋智慧安防"的优势 / 155

6.2.2 "边缘计算＋智慧安防"的应用场景 / 158

6.2.3 "视频云＋边缘计算"的协同模式 / 159

6.2.4 边缘 AI 在智慧安防领域的应用 / 161

6.2.5 【案例】地平线：智慧安防领域的独角兽 / 163

6.3 智慧能源：实现能源产业创新升级 / 166

6.3.1 智慧能源：能源行业数字化升级 / 166

6.3.2 预测维护：实现能源安全管理 / 168

6.3.3 智慧电网：边缘计算解决方案 / 170

6.3.4 【案例】国家电网：推进泛在电力物联网建设 / 174

第 7 章 智慧交通：引领 5G 时代的智能交通变革 / 179

7.1 边缘计算在智能交通领域的发展与应用 / 181

7.1.1 边缘计算在智能交通领域的应用价值 / 181

7.1.2 边缘计算在智能交通领域的应用及面临的挑战 / 183

7.1.3 边缘计算在车联网领域的应用 / 185

7.1.4 【案例】华为 Atlas 500 智能小站 / 187

7.2 边缘计算在自动驾驶领域的应用 / 189

7.2.1 新摩尔定律时代的自动驾驶技术 / 189

7.2.2 5G 时代的边缘计算与智能驾驶 / 190

7.2.3 突破无人驾驶商业化的发展瓶颈 / 192

7.2.4 边缘计算在自动驾驶汽车领域的应用价值 / 194

第 1 章

边缘计算：5G 商业时代的核心应用平台

1.1　边缘计算：引领新一轮信息革命浪潮

1.1.1　边缘计算的起源、发展与特点

欧洲电信标准化协会（European Telecommunications Standards Institute，ETSI）给边缘计算下的定义是：边缘计算是一种在靠近物或数据源的一端，打造集成网络、计算、存储和应用等核心能力的综合性开放平台，提供近端服务，满足实时业务、应用智能、敏捷连接、数据优化和安全保护等行业数字化需求的计算模式。

边缘计算涉及区块链、点对点、网格计算、雾计算和内容分发网络（Content Delivery Network，CDN）等多种技术，在工业、交通和互联网等多个领域拥有广阔的应用前景。

发生边缘计算的位置被称为边缘节点，数据源和云中心之间所有拥有计算资源和网络资源的节点都可以作为边缘节点。例如，智能手机是人和云中心的边缘节点，网关是智能家居和云中心的边缘节点。边缘节点越靠近用户端，数据处理速度越快，传输效率越高。

边缘计算实现了对云中心大型服务的有效分解。它将大型服务分解为多个小型的、易处理的任务，并将其交由多个边缘节点进行处理。

◆　**边缘计算的起源与发展**

边缘计算并非新生事物，相关研究最早可以追溯到 20 世纪 90 年代。当时，阿卡迈（Akamai）推出了 CDN，CDN 的一大特征就是在接近终端用户的一端设置传输节点，这些节点可以缓存静态内容（如图像和视频），而边

缘计算赋予了这些节点执行基本计算任务的能力。

1997 年，计算机科学家布莱恩·诺布尔演示了如何将边缘计算和移动技术结合起来支持语音识别的过程，即游牧服务（Cyber Foraging）。苹果手机的 Siri 和谷歌地图的 Assistant 的语音识别功能都是基于这一原理开发出来的。

点对点计算是指在一个由中央协调的分布式体系结构中，资源提供者和消费者同时存在的计算模式。

时任谷歌 CEO 的埃里克·施密特在 2006 年 8 月 9 日举办的搜索引擎大会上首次提出了"云计算"这一概念。对于云计算的定义，业界至今尚未达成一致。不过，美国国家标准与技术研究院指出，云计算采用按量付费模式，可以提供可用的、便捷的、按需的网络访问服务，需求方只需要投入很少的精力，就可以在拥有网络、存储、服务和应用软件等多种资源的计算资源共享池中低成本地获取资源支持。

2009 年，"移动计算中的基于 VM 的 Cloudlets 案例"发布，详细阐述了延迟和云计算之间的端到端关系，并提出了"两级架构"这一概念，第一级为云计算基础设施，第二级为基于分布式云元素的微云计算。这为现代边缘计算奠定了理论基础。

2011 年，思科正式提出了"雾计算"这一概念，并于 2012 年给出了雾计算的具体定义。如果说云计算是一种抽象化的、由中心化的运营商控制的计算模式，那么雾计算就是一种更具象化的、发生在用户身边的计算模式。雾计算是云中心和物联网（Internet of Things，IoT）设备的中间层，具备带宽、计算和存储等能力，更需要本地设备的支持，迎合了互联网去中心化的特征。雾计算的某些要素和边缘计算一致，如分布式系统和点对点。

◆ **边缘计算的三大特点**

边缘计算的三大特点如图 1-1 所示。

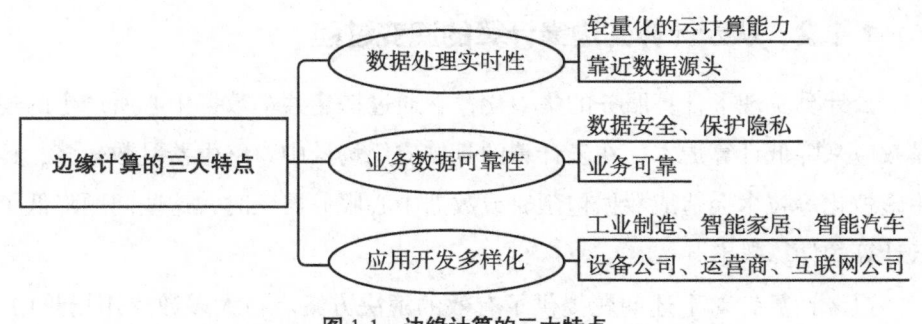

图 1-1　边缘计算的三大特点

（1）数据处理实时性。边缘计算兼具数据采集、分析和执行三种功能，可以降低数据传输时延，提高本地 IoT 设备的工作性能和需求响应速度。

（2）业务数据可靠性。只有保障数据安全，才能为用户提供更可靠的业务。边缘计算可以在靠近数据源的一端处理数据，不必将数据传输到云中心处理，即便广域网因意外事故无法工作，也能保障本地业务稳定、可靠地运行。

（3）应用开发多样化。未来，在工业制造、智能家居和智能驾驶等场景中，绝大部分数据将在靠近数据源的一端进行处理，不必传输到云中心处理。在这种情况下，用户可以结合自身的实际需求来定义 IoT 应用。

鉴于边缘计算在提高服务质量和传输效率方面的优势，一旦相关技术成熟，边缘计算将迎来爆发式增长。边缘计算可以加速数据流生成，实现数据的实时处理。在创建数据时，智能设备和应用程序可以即时响应。边缘计算在靠近数据源的一端对数据进行就近处理，这可以有效降低对网络带宽资源的占用，降低成本，让远程应用程序实现高效运行。此外，用户可以将个人隐私等关键数据保留在边缘计算的数据源一端，不必将这些数据传输到公有云，这为公共互联网带来的信息安全问题提供了有效的解决方案。

边缘计算降低了 IoT 应用传输、存储数据的门槛，有助于 IoT 设备实现自动化、智能化，加快 IoT 的落地应用。在用户需求、政策扶持和资本驱动等多种因素的驱动下，边缘计算将很快进入高速发展阶段。

1.1.2 从云计算到边缘计算的演变过程

云计算实现了计算服务的集中化，它通过搭建共享数据中心所产生的规模效应来降低计算成本。在云计算的具体应用场景中，路由器跳数较多，运用虚拟化等技术会造成数据包延时或数据中心服务器延时，这些问题降低了云计算的计算效率。

边缘计算针对上述问题提供了有效的解决方案。在大多数应用场景中，云计算和边缘计算是协同合作的关系。近年来，IoT、增强现实（Augmented Reality，AR）、虚拟现实（Virtual Reality，VR）和人工智能（Artificial Intelligence，AI）等技术在各个行业的持续渗透使数据规模呈指数级增长。仅利用云中心处理数据不仅会引发网络拥堵问题，而且会降低服务的响应速度，增加服务成本。如果将边缘计算和云计算结合起来，那么很多数据处理和应用任务就可以由边缘节点来完成。

◆ 云计算赋能互联网世界

可穿戴设备、智能家居、自动驾驶汽车和导购机器人等 IoT 设备已经进入了我们的日常生活。麦肯锡发布的数据显示，预计到 2025 年，全球 IoT 市场规模将达到 7.4 万亿美元。随着越来越多的智能设备接入 IoT，云计算产业将进入快速发展阶段。到那时，云计算使个体和组织可以租用大型云服务商提供的远程服务器网络来进行数据存储与处理。

以苹果公司的 iCloud 为例，用户可以使用 iCloud 对苹果手机数据进行备份，然后在 PC 端登录苹果账户，在 iCloud 上获取备份数据，这突破了智能手机物理存储空间容量的限制。

对游戏开发商来说，他们在开发一款游戏作品时要考虑主流用户的硬件设备性能，很多时候他们要在游戏画质等方面做出让步，这种做法在一定程度上降低了游戏作品对用户的吸引力。如果云计算能够实现大范围的推广普及，那么用户可以租用云服务商提供的云服务来畅玩游戏，就不用每隔几年升级一次硬件了。

目前，亚马逊、谷歌、微软、IBM、腾讯、阿里巴巴和百度等科技巨头都在积极布局云计算。需要指出的是，很多应用场景并不适合采用云计算，更适合采用分布式的边缘计算。

◆ 向边缘计算的转变

在 IoT 时代，数十亿甚至数百亿台设备将会接入网络。对企业来说，提高数据处理效率、降低数据应用成本非常关键。

最初，业界对应用云计算技术解决这一问题普遍持积极的态度，大部分人认为将计算功能完全放在云端是主流趋势。然而，随着物联网设备数量的快速增加，有限的带宽资源极大地限制了数据传输与处理的效率，仅靠云计算技术已经无法满足快速增长的 IoT 设备对计算的需求。

为了解决上述问题，必须将边缘计算和云计算相结合。边缘计算采用分布式架构，利用智能路由器等设备和技术进行数据交互，减少了对网络带宽资源的占用，减轻了云中心的负担。互联网数据中心（Internet Data Center，IDC）的统计数据显示，预计到 2020 年，超过 50% 的数据将在网络边缘端进行分析、处理与存储。

边缘计算将数据在靠近数据源的一端就近处理，避免了海量数据同时向云端传输造成的网络拥堵问题。从某种程度上来说，边缘计算可以看作一个微型数据中心的网状网络，关键数据直接在本地存储并处理，相关数据被快速传输至中央数据中心和云存储库等。

举例来说，在为公交车的发动机配备边缘计算系统后，发动机上的传感器可以将公交车的实时运行状态与周边环境信息传输给边缘计算系统，在本地完成车辆故障检测和维修等业务。这样做不仅能减轻云中心的负担，而且能让云中心将更多的资源用于附加值更高的领域。当然，这也对边缘计算相关设备的性能提出了更高的要求。传感器、中央处理器（Central Processing Unit，CPU）和图形处理器（Graphics Processing Unit，GPU）是边缘计算的核心设备，前者的主要任务是收集数据，后两者的主要任务是处理数据。

在产业应用实践中，要想更好地发挥边缘计算的价值，还要了解与其密切相关的一种技术，即雾计算。边缘计算是发生在网络边缘或边缘附近的计算过程，而雾计算则介于云计算和边缘计算之间，采用半虚拟化的计算架构模型。雾计算以个人云、私有云和企业云等小型云为主。雾计算的应用必然会涉及边缘计算，但边缘计算的应用却不一定会涉及雾计算。

1.1.3　边缘计算崛起的逻辑与优势

◆　边缘计算的重要性

IoT 技术在各个行业持续渗透，驱动着人类社会迈向万物互联的新时代。IoT 设备数量与业务的快速增长催生了很多新的需求，仅凭云计算是很难满足这些需求的，具体表现包括以下几个方面。

（1）海量数据给网络带宽造成了巨大的负担。云中心确实可以对海量数据进行高效处理。但迅猛增长的 IoT 设备产生了大量的数据，将这些数据传输到云中心处理会给网络带宽带来巨大的负担。

（2）IoT 设备对于低时延、协同工作的需求急剧增加。网络带宽资源相对有限，将海量数据传输到云中心处理，不仅要花费很长的时间，而且难以及时响应用户需求，这降低了用户体验。显然，仅凭云计算很难完成对所有数据的快速处理。

（3）IoT 设备涉及个人隐私与安全。终端设备记录了用户的各种行为数据，如果将这些数据传输到云中心处理，那么很容易引发数据安全问题，威胁用户的财产与人身安全。边缘计算可以很好地解决这一问题，它可以对海量数据进行就近处理，并实现 IoT 设备的高效协同。

◆　边缘计算的三大优势

边缘计算的三大优势如图 1-2 所示。

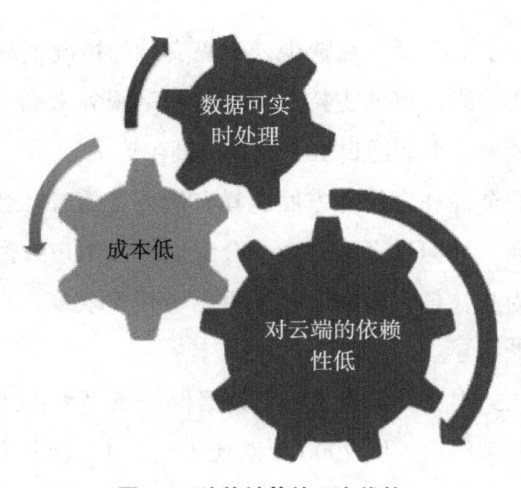

图 1-2　边缘计算的三大优势

（1）数据可实时处理。数据在靠近数据源的一端就近处理，不必传输到云中心，这极大地降低了数据传输时延，提高了数据处理效率。

（2）成本低。与云中心设备相比，由本地设备进行数据存储与处理的成本更低。一方面，边缘计算减少了对带宽资源和云中心计算资源的占用；另一方面，边缘计算可以提高应用程序的运行效率，降低能耗。

（3）对云端的依赖性低。边缘计算对云端的依赖性低，这可以有效降低单点故障率。

　　当一家中小型企业租用云服务商提供的云服务进行数据处理时，一旦云发生故障，该企业就很难获取所需数据，这会影响企业的正常运营，甚至会给企业带来一定的经济损失。Salesforce 网站的北美 14 站点曾发生过一次严重的宕机事件，其客户在超过 24 小时的时间里不能访问用户的电话号码、电子邮件等数据，导致网站的经营业绩受到了严重的影响。另外，此次事件也给 Salesforce 网站的口碑造成了严重的负面影响。

边缘计算赋予了 IoT 设备在缺少云中心支持的情况下高效稳定运行的能力。也就是说，在边缘计算的支持下，那些网络服务未能覆盖的偏远区域或环境较为特殊的区域，也能通过 IoT 设备提高生产力。

边缘计算在安全性和合规性方面也具有优势。随着社会的发展，人们的法律意识不断增强，如何让企业安全、合法地使用用户数据成了社会各界广泛关注的问题。为此，各国政府都在积极出台相关政策，目的是为企业合理使用用户数据提供指导。

2018 年 5 月 25 日，欧盟的《通用数据保护条例》正式生效，违反该条例的企业将面临高额罚款，以 2000 万欧元（约合 1.5 亿元人民币）或者是该企业上一财年全球营业总额的 4% 中的较高者为准。

边缘计算设备可以自主收集、存储并使用数据，有效地避免用户个人隐私等敏感数据被上传到云中心而引发的数据安全问题。更关键的是，边缘计算可以使现有设备和新兴 IoT 设备互联互通，对现有设备的通信协议进行转换，与新兴 IoT 设备进行高效交互。在这种方式下，很多企业无需对现有设备进行更新升级，也能接入 IoT 平台，并以较低的成本实现生产力的大幅度提升。

1.1.4　边缘计算面临的机遇和挑战

IoT 的快速发展为边缘计算的研究与应用提供了巨大的推动力。边缘计算目前仍处于初级发展阶段，面临着很多机遇和挑战，具体如图 1-3 所示。

◆　边缘计算面临的机遇

我们可以从以下几个方面来探讨边缘计算面临的机遇。

（1）标准、基准和市场。实现数据连接和聚合的标准化是发展智能业务的前提。目前，工业领域的技术和标准尚未统一，要想解决这一问题，就要开展跨厂商、跨领域的数据集成与交互操作。

（2）架构和语言。具备通用计算能力的边缘节点的快速增加使开发框架和工具包需求集中爆发。

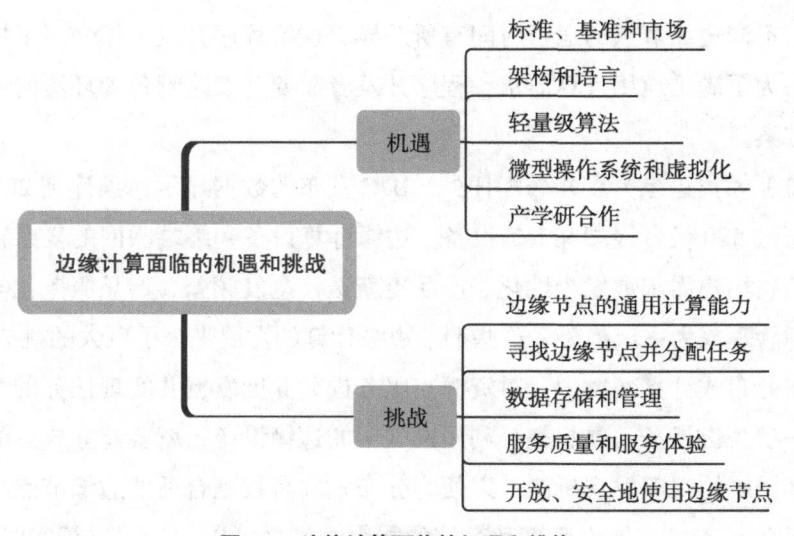

图 1-3　边缘计算面临的机遇和挑战

（3）轻量级算法。边缘节点的硬件性能相对有限，大型软件并不适用于边缘节点，必须为边缘节点开发轻量级算法，以便其快速完成数据处理任务。

（4）微型操作系统和虚拟化。微型操作系统或微型内核的更新迭代，以及 Docker 等容器技术的发展为破解异构边缘节点部署难题提供了有效的解决方案。

（5）产学研合作。目前，很多移动运营商、软件供应商、云服务商和科研机构等积极协作，共同推动边缘计算在各个行业的落地应用。

◆　**边缘计算面临的挑战**

目前，边缘计算面临的挑战主要体现在以下几个方面。

（1）边缘节点的通用计算能力。边缘计算可以发生在边缘设备和云平台之间的多个节点中，如路由器、交换机、网关、基站、接入点和业务节点。

考虑到不同平台的异构性，不同网络的边缘节点往往存在一定的差异。此时，将计算任务合理地分配给不同平台的边缘节点并不是一件容易的事情。同时，不同边缘节点的运行时间有所差异，这给程序开发工作带来了极大的挑战。为了满足通用计算需求，程序开发者需要开发跨越各种环境的可移植解决方案。

（2）寻找边缘节点并分配任务。IDC 发布的数据显示，预计到 2020 年，将有超过 500 亿台终端和 IoT 设备。边缘计算设备和终端联网的复杂程度不断提高、用户需求愈发个性化、产品更新迭代愈发频繁、产品服务化与全生命周期管理成为主流趋势，这些都给边缘计算的发展带来了巨大的挑战。

在分布式计算环境中，对资源与服务进行深度发掘并实现任务的合理分配是一项关键任务。要想充分利用网络中的边缘设备，就要建立成熟的命名机制和网络协议等发现机制，以便为分布式部署找到合适的边缘节点，使边缘端具备动态、大规模运算和存储的能力，使之可以与云端进行实时交互、高效协同作业。同时，这个发现机制要在充分保证用户体验的基础上，对不同层次和等级的计算工作流进行快速集成。显然，边缘计算不能照搬云计算的发现机制，必须从理念、算法等维度进行创新。

（3）数据存储和管理。对 IoT 环境中的海量数据进行存储和管理，是发展 IoT 应用的一项重要工作。为了提高服务响应的及时性，应用程序需要对数据进行快速读写。但是，IoT 设备和系统类型比较复杂，与之相关的数据格式有很多，对这些数据进行标准化处理也是应用边缘计算的一个难点。

边缘节点的硬件性能相对有限，要想让其对海量数据进行有效存储和管理，还需要解决很多问题。我们可以利用过滤、筛选掉部分原始数据的方式减轻边缘节点的负担，但这样做难以保障数据的可靠性。

（4）服务质量和服务体验。建立高效可靠的系统是开展边缘节点服务管理的重要基础。边缘节点要具备较高的吞吐量，以适应高峰时段的任务需要；系统要对有风险的节点进行自动检测，避免因节点故障造成用户需求无法响应等问题；节点之间要实现互联互通，使数据传输和通信得到充分保障。

边缘节点应该能够对用户服务设置合理的优先级别。例如，故障报警、关键信息反馈服务的级别应高于普通服务的级别；用户身体状况检测报告服务的级别应高于娱乐服务的级别。

接入 IoT 的设备之间存在直接或间接的关联，所以，在 IoT 系统中增加或删除一个设备需要经过一系列复杂的操作。为此，开发人员要灵活设计边缘计算操作系统，提高边缘计算操作系统的可扩展性。

（5）开放、安全地使用边缘节点。由于边缘节点位于靠近 IoT 设备的一端，所以边缘计算对安全防护提出了更高的要求。边缘节点安全包括设备安全、数据安全、网络安全和应用安全，我们必须做好核心数据的保密工作，还要保证核心数据的完整性。

在将路由器、基站和交换机等终端设备作为可接入的边缘节点时，为了提高边缘节点的安全性，必须做好以下几个方面的工作。

① 定义并明确边缘计算设备持有者和使用者的相关风险。

② 保证设备原有功能的可用性。

③ 提高边缘节点用户的安全意识。

④ 明确边缘节点可以为用户提供的最低服务标准，注意对用户隐私数据访问进行限制。

⑤ 将工作负载、计算能力、数据迁移和维护成本等多种指标纳入定价模型。

1.2　引爆风口：5G 商业化的关键基础设施

1.2.1　从 1G 到 5G 的移动通信发展历程

移动通信技术的快速发展深刻地影响了人们的日常生活与工作。4G 网络的普及使人们的社交、订餐、导航、看影视剧、打车和支付等需求得到了极大的满足。现在，5G 商业化应用已经上路。为了充分挖掘 5G 的商业价值，我们有必要回顾一下通信技术的发展历程，具体如图 1-4 所示。

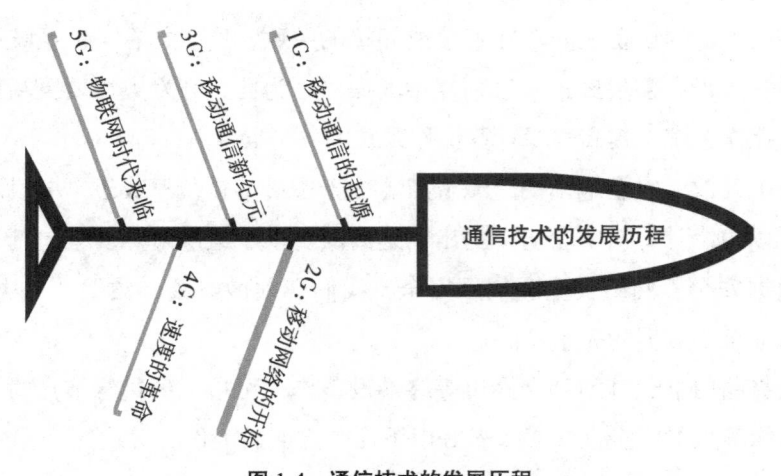

图 1-4　通信技术的发展历程

G 是"Generation"的缩写，意思是"代"。1G 是指第一代通信技术，2G 是指第二代通信技术，依此类推，5G 是指第五代通信技术。通信技术的更新迭代涉及速率、业务类型、时延和可靠性等多种因素的变化。

◆ 1G：移动通信的起源

1987 年，广东省为迎接第六届全运会，建立了国内首个移动通信网络，拉开了国内 1G 时代的序幕。1G 是一种基于模拟技术的蜂窝无线电话系统，包含高级移动电话系统、北欧移动电话系统和全人网通信系统等多种系统，仅支持语音流量传输，网络容量受到了较大的限制。

◆ 2G：移动网络的开始

1G 虽然解决了部分通信问题，但它的缺点较为突出，如串号（接通者的电话号码并非拨打的电话号码）和盗号等。1995 年，新的通信技术日渐成熟，我国开始进入 2G 时代（1G 网络于 1999 年正式停用）。2G 以数字语音传输技术为核心，从 1G 到 2G 实现了从模拟调制到数字调制的转变，系统容量、通话语音质量和抗干扰能力等都得到了一定程度的提升。

2G 不仅支持语音通信，还支持收发短信及接入互联网。在 2G 时代，诺基亚是手机领域的领军者。2G 系统主要使用全球移动通信系统、时分多址接入系统和码分多址接入系统等多种系统。

◆ 3G：移动通信新纪元

事实上，在 1G 和 2G 时代，对于什么是 1G、什么是 2G，国际范围内并没有达成一致，相关标准由各国通信行业的标准化组织自主制定。进入 3G 时代之后，国际电信联盟提出了 3G 技术的国际通用标准，即 IMT-2000。

与 2G 相比，3G 进一步拓展了频谱，传输速率明显提升，这为发展互联网业务奠定了良好的基础。在 3G 的发展过程中，各种多址方式实现了融合应用，再加上调制技术、编码技术、多载波捆绑和多输入多输出系统等技术的支持，3G 的性能得以大幅度提升。

得益于 3G 网络提供的更为丰富的带宽资源和相对稳定的传输能力，视频通话等大规模数据传输得以普及，移动通信应用愈发个性化、多元化。

◆ 4G：速度的革命

从 2013 年开始，4G 在国内多个城市得到推广普及。4G 的传输速度、带宽、通信灵活度与兼容性等均实现了大幅度提升，为网络服务创新提供了更加广阔的发展空间。在 4G 的支持下，智能手机在人们的日常生活与工作中扮演的角色愈发重要。

◆ 5G：物联网时代来临

随着生活水平的不断提高，科技的快速发展，人们对移动通信的要求越来越高。在智慧工厂、远程手术和无人驾驶汽车等场景中，4G 已无法满足需求，在这种情况下，5G 应运而生。

AR、VR、IoT 和 AI 等技术的发展推动着移动通信技术革新升级。移动互联网和 IoT 是 5G 的两大应用场景。在 IoT 场景中，设备之间能实时交互，车联网和工业互联网的建设等都需要 5G 的大力支持。

2018 年 8 月 15 日，三星宣布推出 Exynos Modem 5100 基带，这是全球首款完全兼容 3GPP[①] Release 15 规范的基带产品。该产品支持 2G、3G、4G 和 5G 等多种移动通信标准，可以实现"多模模式"。三星官方公布的数据显示，Exynos Modem 5100 基带支持在 5G 通信环境 6 GHz 以下的低频段内实现最高 2Gbps 的下载速度，在毫米波频段下的下载速度最高可达 6 Gbps，能够充分满足无人驾驶汽车等 IoT 场景的需求。

1.2.2 5G 技术引爆万亿级市场

随着 5G 网络建设进程日渐加快，未来将有更多应用落地。智能家居、无人驾驶汽车和工业互联网等将在 5G 的支持下实现快速发展。中国信息通信研究院（以下简称"中国信通院"）发布的《5G 经济社会影响白皮书》指出，在直接产值方面，以 2020 年 5G 全面商用为起点，预计到 2020 年，5G 将带动的直接产值约为 4840 亿元；到 2025 年，5G 带动的直接产值将增长至 3.3 万亿元；到 2030 年，5G 带动的直接产值将增长至 6.3 万亿元。从总体来看，2020 年—2030 年，5G 带动的直接产值的年均复合增长率将达到 29%。

在间接产值方面，预计到 2020 年，5G 带动的间接产值将达到 1.2 万亿元；到 2025 年，5G 带动的间接产值将达到 6.3 万亿元；到 2030 年，5G 带动的间接产值将达到 10.6 万亿元。从总体来看，2020 年—2030 年，5G 带动的间接产值的年均复合增长率将达到 24%。5G 商用产值预测如图 1-5 所示。

---

① 第三代合作伙伴计划（The 3rd Generatin Partnership Project, 3GPP）是一个成立于 1998 年的标准化组织，其最初的工作范围是为第三代移动通信系统制定全球适用的技术规范和技术报告。3GPP 制定的标准以 Release 作为版本进行管理。

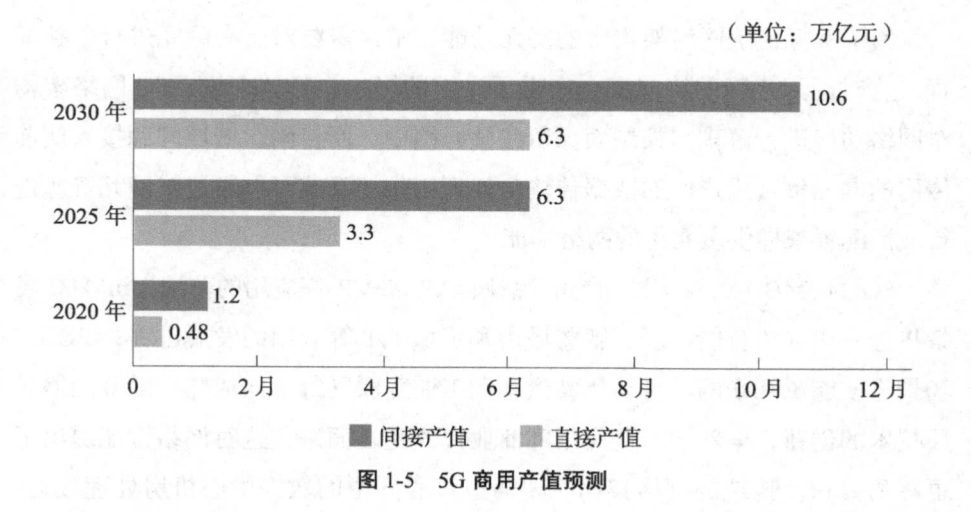

图 1-5　5G 商用产值预测

在 5G 时代，边缘计算将进入快速发展阶段。IoT 应用多元化将进一步推动边缘计算的发展，5G 通信运营商、设备供应商和技术服务商等将因此获得广阔的发展空间。

边缘计算将促使网络架构实现颠覆性变革，并对网络建设和运维链条产生深远影响。边缘计算为 IoT 业务落地提供了良好的技术条件，并可以让 IoT 系统的智能应用、实时业务和安全保障等需求得到极大的满足。

3GPP 定义了 5G 支持的增强型移动宽带（Enhance Mobile Broadband，eMBB）、海量机器类通信（Massive Machine Type Communications，mMTC）和超可靠低时延通信（Ultra Reliable Low Latency Communications，uRLLC）三大应用场景，它们所需的网络性能存在一定的差异。在无线端，一系列新技术的出现为满足差异化的应用场景需求提供了有力的支持。而在传输网络端，硬件技术很难在短时间内实现突破式发展。在此情况下，要想满足实际应用场景的需求，就必须创新网络架构。

5G 网络采用了资源池云化、控制面 / 用户面分离等全新的网络架构，可以使传输网络端的应用场景需求得到有效满足。边缘计算正是 5G 网络架构革新的重要支撑性技术。

为了确保传统网络架构中的网元功能完整，需要对所有网元进行单独配置，这对网元之间的协同配合产生了一定的影响。具体来说，5G 网络架构对网络功能进行解耦，控制面保留在核心网中，回传网、城域网和接入侧前传网的网元负责用户面的数据传输与处理工作，系统可以通过对网元资源进行灵活配置来提供多元化的网络功能。

5G 的 eMBB 场景将推动超清视频、AR 和 VR 等应用的落地；mMTC 场景将进一步加快智能家居、智慧城市和广域 IoT 等应用的发展进程；uRLLC 场景将使能源互联网、自动驾驶汽车和工业互联网等走向成熟。随着网络底层技术的创新，全新的产业应用和商业模式随之而来，这对网络性能提出了更高的要求。传统的网络架构主要通过核心网中的数据中心机房处理数据，即：边缘节点先将数据传输到核心网，核心网对其进行处理后再向边缘节点发布各种指令。

5G 网络架构通过应用边缘计算技术，在靠近数据源一端的边缘节点部署网关、基站和服务器等设备，并赋予其数据处理与存储的能力，将局域性数据、低时延业务和敏感性数据等放在边缘端进行处理，无需将这些数据传输到核心网，从而提高了服务响应速度，保证了数据安全，为用户提供了良好的体验。

未来，设备商将不断提升底层网络节点的计算和传输能力；运营商将持续推动组网架构创新，使边缘计算能力实现快速提高。边缘计算具备良好的兼容性，既支持 5G 网络，也支持 4G 网络，这将有助于网络运营商在现有网络架构的基础上革新升级，有计划、有重点地部署边缘节点。具体来看，网络运营商可以通过以下几步推进边缘计算的全面商用。

（1）以 4G 网络为主导的阶段。网络运营商可以逐步在边缘端增加边缘计算节点，对业务数据进行分流。例如，网络运营商可以在基站接入端部署边缘计算，利用边缘计算节点将本地业务分流至本地服务器，以此降低网络传输负载。随着基带处理单元（Building Base band Unit，BBU）池化成为主流发展趋势，网络运营商可以在 BBU 池机房部署边缘计算，以提高边缘计算业务的复用率，降低设备资源的占用率。

（2）5G 商业化初级阶段。得益于网络虚拟化技术的日益成熟，网络运营商可以对 5G 接入机房进行虚拟化改造，通过基站 BBU 虚拟化建立 Cloud-BBU，并将其部署到机房数据中心；将核心网元的控制功能与转发功能分离，将网关节点拆解为 SGW-C、PGW-C、TDF-C 等控制面网元（部署在核心网机房）和 SGW-U、PGW-U、TDF-U 等转发面网元（部署在接入机房），然后将边缘计算节点、转发面网元和 Cloud-BBU 共同部署到接入机房数据中心。

（3）5G 全面商业化阶段。数据中心是 5G 网络架构的关键基础设施，而云平台则是 5G 网络的基础平台。云平台包括边缘云、核心云、汇聚云和接入云四大云中心。依托 5G 网络架构，边缘计算将借助 5G 用户面功能（User Plane Function，UPF）和策略控制功能（Policy Control Function，PCF）进行分流，控制分流策略。

具体来说，5G 网络利用 PCF 为会话管理功能（Session Management Function，SMF）配置分流策略，然后由 SMF 将分流策略传输至基站和 UPF，从而帮助 UPF 完成分流，最后将业务分流至移动边缘计算（Mobile Edge Computing，MEC）服务器。在 5G 网络的作用下，UPF 和 PCF 这两个新网元明确了边缘计算的计费方式和应用策略，为边缘计算的商业化应用奠定了良好的基础。

1.2.3　构建基于 5G 场景的边缘计算

5G 业务场景比较复杂，而且不同业务场景对数据处理、存储和传输等的要求存在一定的差异。因此，边缘计算需要同时在多种网络层次部署，以便为多元化的 5G 业务提供支持。在 5G 网络中，用户根据实际需要可以在接入云、边缘云和汇聚云部署边缘计算节点。在部署边缘计算节点时，需要注意以下几个方面。

（1）针对时延要求较高的场景，可以在集中单元（Centralized Unit，

CU）机房部署边缘计算节点。5G 基站接入分布式单元（Distributed Unit，DU）或 CU 机房。其中，DU 主要面向物理层、转发层等业务层；CU 则主要面向较高层级的网络协议。在靠近基站一端就近部署边缘计算节点后，可以实现本地业务的快速处理，使用户获得延时在 4 毫秒以内的极致服务体验。

需要指出的是，边缘计算节点业务覆盖范围有限，若采用在 CU 机房部署边缘计算节点的部署策略，则难以为无人驾驶汽车等高速移动应用场景提供支持，但在 AR 和 VR 等移动性较低、对时延要求较高的领域却有绝佳表现。

（2）针对移动性、时延性要求较高的业务以及大流量业务，可以在边缘云机房部署边缘计算节点。具体部署策略为，利用接入环将边缘计算节点和 CU 连接，或者将边缘计算节点和 CU 同时部署在边缘云机房，然后利用中传网络和 DU 实现连接。5G 回传网包括 CU 与 DU 两个组成部分，初期可以采用 CU 和 DU 合设方式，后期可以采用 CU 与 DU 离设方式（将 CU 部署在靠近汇聚层位置，将 DU 部署在靠近接入侧位置）。

将边缘计算节点部署在边缘云机房后，便可以对更大范围的基站网络资源进行整合与配置，对时延拥有较强的控制能力。这将为车联网业务创造广阔的应用空间。

（3）针对流量大、覆盖范围广的业务，可以将边缘计算节点部署在汇聚层机房。在部署过程中，需要将边缘计算节点和核心网转发面 UPF 同时部署在汇聚层，在确保较大的业务覆盖范围的同时，也能利用低层次网络为本地业务提供支持，以减轻传输网带宽的负担。

电信运营商是移动边缘计算产业的核心参与主体，它们主要负责底层网络建设和机房部署，为边缘计算提供设备支持。在具体的边缘计算业务中，电信运营商作为主导者，既可以向电信设备商提供 5G 网络和边缘计算平台端口，也可以和第三方厂商合作开展联合运营。

① 电信运营商。电信运营商是 5G 基础网络资源的核心提供者，可以结合具体的应用场景提供定制化的边缘计算解决方案和部署策略。边缘计算

在业务流程的各个环节都能发挥一定的作用，但电信运营商却缺乏可供借鉴的行业应用案例，这给部署工作带来了一定的挑战。为了解决这一问题，电信运营商可以自行开发网络端口，或者与第三方联合部署并运营边缘计算平台。

② 电信设备商。边缘计算对专用服务器、网关等设备的性能提出了一定的要求。与传统的数据中心机房相比，部署边缘计算节点的机房分散度较高、单体规模相对较小，所需要的服务器、网关和光模块等必须具有更高的可靠性、更低的功耗，这给电信设备商带来了极大的挑战。

③ 第三方厂商。目前，边缘计算和 5G 都处于初级发展阶段，电信运营商缺乏足够的行业应用经验，引入第三方厂商可以整合更多的优质资源，降低成本，减少风险。第三方厂商要把握住这一机遇，在自身擅长的领域精耕细作，在技术、模式和管理等方面构建核心竞争力。

1.2.4　边缘计算在 5G 时代的五大应用场景

在 5G 诸多的应用场景中，边缘计算在流量本地化服务质量（Quality of Service，QoS）优化、AR/VR、视频监控与智能分析、车联网和工业互联网等场景中的应用尤其值得期待，这五大应用场景如图 1-6 所示。

◆ 流量本地化 QoS 优化

CDN 向移动端和边缘端转移是主流趋势。传统移动网络的数据传输管道与数据之间的交互性较弱，用户可以获得的空口资源有限，而且无线信道质量不稳定，不能通过对应用层参数进行动态调整来满足用户需求。如果将边缘计算节点部署在接入层和传输层之间，就能同时获得接入侧无线信道数据和业务层传输控制协议（Transmission Control Protocol，TCP）数据，这有助于实现双向跨层优化，为用户提供更好的体验。而且，边缘节点被部署在靠近数据源一端，这有效地减轻了回传网的带宽负担，更有利于利用域名系统协议（Domain Name System，DNS）在控制面为边缘 CDN 节点配置流量。

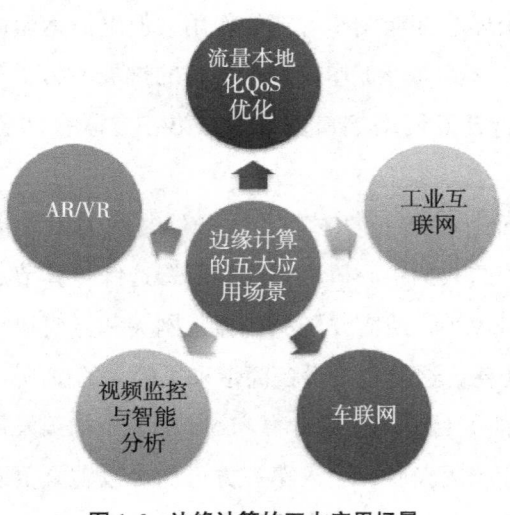

图 1-6　边缘计算的五大应用场景

◆ AR/VR

AR/VR 技术的崛起，使人们与虚拟世界的交互方式发生了巨大改变。在 AR/VR 应用场景中，为了给用户提供良好的体验，需要对 AR/VR 图像进行实时渲染。相关研究发现，利用边缘计算服务器或移动设备处理 AR/VR 计算任务，能够有效提高任务处理效率。

在提供沉浸式体验的 AR/VR 场景中，如果时延较高，就会让用户产生眩晕感，所以，降低时延尤为关键。同时，终端设备往往需要通过安装大型 App 来增强场景感染力，这就对终端设备的内存和续航等提出了更高的要求，不利于终端设备的推广普及。

将边缘计算节点部署在接入端后，系统就可以根据用户的需求为其提供个性化的 AR/VR 内容，降低终端设备的存储要求，并提高服务响应速度。而且，边缘计算节点可以对用户进行精准定位，分析用户在特定场景中的需求，从而为探索广告和内容电商等商业模式提供巨大的想象空间。

在边缘计算服务器中搭建支持多用户的 VR 程序处理框架 MUVR 后，可以实现 VR 图像渲染处理本地化，还可以通过重复利用 VR 图像帧来减轻边缘计算服务器的计算与通信负担。在移动端搭建 VR 框架 Furion 后，可以实现对 VR 负载的分类，即前景交互 VR 负载和背景环境 VR 负载。其中，前景交互 VR 负载由云端处理，而背景环境 VR 负载则由移动端处理，用户可以在移动设备中体验更加优质的 VR 应用。

◆ 视频监控与智能分析

回传流量大且大部分监控画面价值低是视频监控的两大特征，这决定了对监控数据进行本地存储或实时回传的价值相对较低。边缘计算平台可以对视频数据进行分析和处理，过滤掉那些低价值甚至没有价值的数据，将高价值数据回传至核心网数据中心进行存储与利用，减少对带宽和存储资源的占用，提升数据的处理效率。

◆ 车联网

车联网业务涉及 5G 应用场景中的 uRLLC 场景。需要说明的是，车辆对外界的信息交换时延应该控制在 20 毫秒以内，而自动驾驶对时延的要求更高，必须控制在 5 毫秒以内。边缘计算为车联网实现超低时延提供了有效的解决方案。考虑到车辆的高速移动特性，必须通过多基站协同来确保车联网的持续性和稳定性。

5G 网络连续性会话业务模式包括传统模式、先建后断模式和先断后建模式。为保证边缘计算业务的连续性，运营商可以结合网络环境来合理设置实现策略，并结合本地配置、应用请求和签约信息等采用个性化的应用服务模式。边缘计算节点只有与运营商网络架构、业务模式等相匹配，才能为 5G 应用提供有力的支持。

◆ 工业互联网

在工业 4.0 时代，工业领域的无线需求非常旺盛。运用蜂窝网络建立应用边缘计算技术的本地化工业云平台，对设备、流水线和车间等相关数据进行实时处理和本地分流，能够大幅度提高生产效率，降低人力和物力成本。

随着 5G 商业化进程日渐加快，一系列全新的应用将密集落地。边缘计算是 5G 业务落地的基础平台之一。目前，运营商和科技企业等都在积极推进 5G 发展，边缘计算产业将因此获得长足的发展。

中国信通院指出，我国移动数据流量增速高于全球平均水平，预计 2010 年—2020 年将增长 300 倍以上，2010 年—2030 年将增长 4 万多倍。其中，发达城市及热点地区的移动数据流量增速更快，预计 2010 年—2020 年，上海市移动数据流量将增长 600 倍，北京市热点地区的移动数据流量将增长 1000 倍。在这种背景下，IoT 设备将进入快速增长阶段，并驱动流量和应用规模爆发式增长。

1.3　边缘智能：开启未来智能商业新蓝图

1.3.1　边缘智能的应用场景与产业生态

◆　边缘智能的应用场景

IoT 时代的来临将催生一系列更加复杂、个性化的应用，从而为边缘计算的智能应用场景提供有力的支持。相关研究表明，边缘计算在处理网络资源受限、端到端时延高和异构网络建设等问题时表现突出。具体来看，边缘智能的应用场景主要包括以下三大类。

（1）专网类业务场景。为了保障数据安全，某些行业与企业会使用专网处理核心业务数据，避免因使用公共网络导致数据被泄露、被篡改等问题。

（2）营销类业务场景。边缘智能可以对终端相关数据进行实时处理与分析，描绘立体化的用户画像，促进营销转化和口碑传播。目前，部分电信营业厅、科技企业体验中心等已经应用边缘智能实现了精准营销。

（3）体验类业务场景。在体验经济时代，提升用户体验已经成为商家获得用户支持与认可的重要举措。边缘智能在提升用户体验方面发挥着非常积极的作用。例如，在智能家居、智慧交通等 IoT 应用场景中，在网络边缘端部署边缘智能服务器可以有效提高本地数据处理能力，及时响应用户需求，提供良好的用户体验。

◆ **边缘智能的产业生态**

部分从业者认为，与边缘智能相关的产品、技术、平台及解决方案的覆盖范围始终局限于终端和网络回传设备之间，因此，边缘智能产业链中的企业将以相关软硬件企业为主。事实并非如此。对于边缘智能的产业生态，只有从 IoT 产业的视角进行分析，才能发现其真正的价值。

边缘智能是 IoT 的汇聚节点与控制节点，在 IoT 端到端解决方案中扮演着重要角色，它可以从硬件、软件、应用开发、内容提供和业务运营等多个方面为 IoT 应用提供支持。具体来看，边缘智能产业的主要参与者如图 1-7 所示。

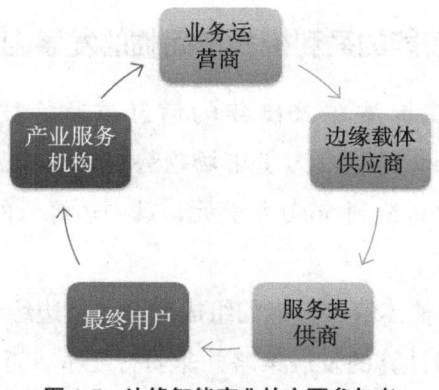

图 1-7 边缘智能产业的主要参与者

（1）业务运营商。业务运营商打造的边缘智能基础设施平台可以为服务开发商、内容供应商和集成商等提供应用部署、运维等服务。

（2）边缘载体供应商。边缘载体供应商包括硬件供应商和软件供应商，具体包括边缘数据中心供应商、云服务商和智能硬件基础设施供应商等。多家边缘载体供应商共同打造边缘智能软硬件平台，为中下游企业开展边缘智能业务提供支持。

（3）服务提供商。服务提供商（包括业务集成商和应用开发商）面向终端用户，通过引入边缘智能的 IoT 应用来满足用户的各种需求。服务提供商依托边缘智能基础设施，对接运营商提供的标准化开发接口，为用户开发定制化的应用方案。

（4）最终用户。边缘智能的最终用户也是 IoT 用户，包括个人、家庭等消费型 IoT 用户，以及正处于转型升级阶段的各个行业的 IoT 用户。边缘智能的最终用户覆盖范围非常广，而且用户需求十分个性化、多元化。边缘智能采用分布式架构，可以实现服务的按需供给。

（5）产业服务机构。为了使边缘智能生产流程高效地运行，科研机构、产业联盟、标准化组织和科技企业等都在积极推进边缘智能的研究与应用，开展跨领域、跨行业合作，为边缘智能的落地提供强大的推动力。

1.3.2 边缘智能的盈利模式及面临的发展困境

IDC 中国总裁霍锦洁在 2018 年的信息与通信技术（Information and Communications Technology，ICT）市场趋势论坛中指出，预计到 2021 年，全球云计算市场规模将达到 5650 亿美元，其中边缘云的市场规模可达 1130 亿美元，约占 20%。

边缘智能是 IoT 整体解决方案的组成部分，将边缘计算和 IoT 产业割裂开来，单独研究边缘计算的发展策略并非明智之举。近年来，IoT 产业的快速发展为边缘智能产业的发展注入了巨大的活力。

相关研究发现，边缘智能能够有效降低数据处理成本。在通常情况下，边缘设备和云端距离较远，将海量数据远距离传输到云端进行集中处理的成本较高。如果将边缘设备和云端的距离缩短至 322 公里，就能降低约 30% 的数据处理成本；将边缘设备和云端的距离缩短至 161 公里，就能降低约 60%

的数据处理成本。如果利用边缘智能技术赋予边缘设备智能分析能力，那么将进一步降低数据处理成本。

◆ **边缘智能的盈利模式**

边缘智能的盈利模式如图 1-8 所示。

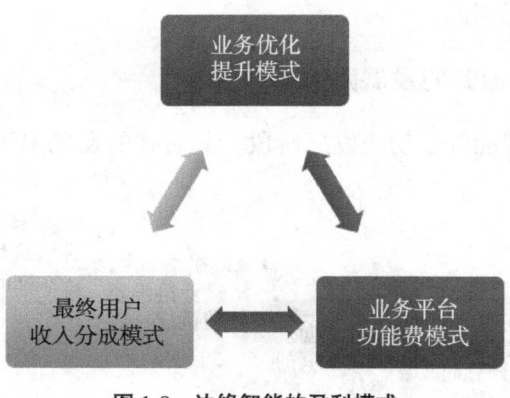

图 1-8 边缘智能的盈利模式

（1）业务优化提升模式。在这种模式中，边缘智能服务商是 IoT 整体解决方案的设计者之一。很多电信运营商和云服务商也是 IoT 集成商或 IoT 解决方案提供商，它们充分发挥自身在边缘智能方面的领先优势，对具体 IoT 业务进行优化，从而提高销售业绩，并从中获得利润。

（2）业务平台功能费模式。在这种模式中，边缘智能服务商为集成商和应用开发商提供边缘智能服务，其并非端到端整体解决方案的主导者。目前，2B 业务是电信运营商和云服务商的核心业务。在运营实践中，电信运营商和云服务商可以通过打造边缘智能平台来开发接口，让集成商和应用开发商为用户提供服务，然后根据集成商的使用时长和使用量向其收取一定的功能费。

（3）最终用户收入分成模式。采用向最终用户收费的盈利模式，通常需要开发标准化的产品，但边缘智能是 IoT 整体解决方案中的一种嵌入式模块，边缘智能服务商很难开发出标准化的边缘智能产品。不过，边缘智能服务商可以帮助业务提供方为最终用户创造多元化的应用场景，由业务提供方向最终用户收取一定的费用，然后边缘智能服务商从中获取利润。

例如，在赛事直播场景中，用户通过购买直播平台会员或单场直播门票来获取直播服务；运营商可以建立边缘智能平台帮助直播平台提供 VR 直播服务，并从中获得利润。

◆ **边缘智能面临的发展困境**

目前，边缘智能处于初级发展阶段，其面临的发展困境如图 1-9 所示。

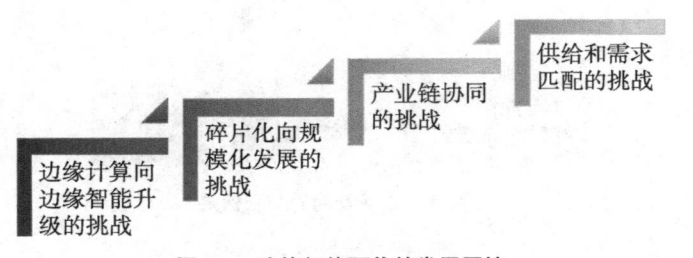

图 1-9　边缘智能面临的发展困境

（1）边缘计算向边缘智能升级的挑战。边缘智能致力于推动 AI 在边缘计算领域的深度应用，推动 IoT 业务场景落地。显然，这是一项长期、复杂的系统工程。

（2）碎片化向规模化发展的挑战。传感器和 IoT 终端分布广泛且多样化，而边缘智能在这些数据源附近部署，也呈现出分布广泛且多样化的特征，并面向海量的碎片化场景。如何实现碎片化向规模化的转变是边缘智能产业面临的一个发展困境。为此，开发人员需要通过边缘设备解耦来提高产品的通用性，同时还要为边缘设备开发一系列的标准功能。

（3）产业链协同的挑战。边缘智能产业链需要多方共同参与建设及完善。在 IoT 的整体解决方案中，边缘智能平台是 IoT 数据源的首个入口和中枢，也是产业链的关键节点。而用户需求的个性化、多样化对边缘智能产品和服务提出了更高的要求。因此，增强产业链上下游企业的协同关系已经成为智能边缘行业从业者面临的一项重要课题。

要想增强产业链上下游企业的协同关系，就要促进数据的流通共享，这将带来用户安全和隐私保护问题。要想解决这些问题，就要从存储设备、传输网络和终端应用等多个方面做好端到端的安全防护工作。

（4）供给和需求匹配的挑战。供需双方信息不对称是 IoT 产业面临的一大困境。IoT 设备开发商和技术供应商对下游企业业务体系与服务流程缺乏足够的认识，而后者对智能场景如何落地认知不足，这些都影响了 IoT 的落地应用。边缘智能存在类似的问题。目前，电信运营商等边缘智能产业链上游企业投入了大量资源，以此推进边缘智能产品和推广服务，但因为对用户需求缺乏足够的了解，导致供需错位，未能取得良好的效果。

1.3.3　边缘智能的发展趋势与前景

现阶段，边缘智能的发展主要是由供给方推动的，供给方不断地推出典型案例和示范应用来教育下游企业。在技术进步和市场教育充分的情况下，未来边缘智能的发展将由需求方推动。下游企业对数据分流、安全防护和用户体验等方面的需求将直接驱动边缘智能上游企业的产出。

目前，边缘智能产业的主导者是产业链上游的供给方，它们需要通过打造经典案例来帮助下游企业或机构提质增效，形成示范作用，从而推动产业走向成熟。一个发展成熟的产业应该是由需求方主导的。未来，满足产业链下游企业及用户在数据分流、安全防护和用户体验等方面的多元化需求，将成为上游边缘智能服务商的主要任务。

◆　标准化被业界认可

边缘智能产业链参与主体多元化，缺乏统一的标准。未来，各主体要先从信息模型、通信管理、设备管理、安全防护和协议转换等多个维度出发推动标准化工作。产业联盟、标准化组织等在统一标准时应该对接市场需求，将标准制定和具体应用相结合，重视企业意见与建议，最终形成能够被广泛认可的边缘智能标准体系。

◆ "产、学、研、用"生态组织作用凸显

目前，国内外出现了多个边缘智能产业联盟及标准化组织，它们为产业标准化和生态建设提供了有力的支持。未来，产业联盟及标准化组织在实现"产、学、研、用"一体化联动方面将扮演更为关键的角色，从破解产业痛点、大范围推广成功经验和引导良性竞争等方面为边缘智能商业化落地提供有力的支持。

◆ 边缘智能与"端－管－云"深度协同

在 IoT 整体解决方案中，边缘智能应该与终端、通信和云计算（即"端—管—云"）产生协同联动效应，为个体、家庭、企业和其他机构提供完善的端到端解决方案。边缘智能平台建设者和运营者需要积极联合实现"端—管—云"深度布局的第三方厂商，提高自身的核心竞争力。

◆ 端到端的安全成为刚需

本地无线网络攻击或物理篡改等威胁着边缘智能平台的安全。边缘智能平台需要处理海量碎片化场景，这对安全防护提出了更高的要求。从技术角度来说，要想做好边缘智能的安全防护，就要从设备域、数据域、网络域和应用域等多种层次提供端到端的安全解决方案。

边缘智能是边缘计算发展到一定阶段的产物，它以产业应用为导向，能够推动产业的转型升级。在 AI 技术的支持下，边缘智能可以在带宽、功耗、时延、可靠性和安全性等方面有更加突出的表现。更关键的是，边缘智能可以实现对数据资源的深度挖掘。

通过对云计算、雾计算、边缘计算和边缘智能等计算方式进行总结分析可以发现，本地化计算的重要程度不断提升，而边缘计算赋予了设备端轻量级计算的能力。边缘智能可以将 AI、边缘计算和特定业务场景与用户需求相

结合，创造巨大的经济效益和社会效益。

1.3.4 【案例】小蚁科技：边缘智能的赋能者

上海小蚁科技有限公司（以下简称"小蚁科技"）成立于 2014 年，在机器视觉、辅助驾驶算法和边缘计算等方面拥有领先优势，并建立了一支世界级机器视觉技术团队。

小蚁科技在全球拥有超过 150 项专利技术，为全球 168 个国家和地区的千万级用户（其中，个人用户约 1300 万，商户约 50 万）提供产品和服务，并与微软、谷歌、高通、百度和阿里巴巴等科技巨头建立了合作关系。小蚁科技在机器视觉领域精耕细作，将边缘计算融入"云＋端"解决方案，并通过边缘智能赋予设备和传感器感知和思考的能力，推动机器视觉应用实现快速落地。2018 年，小蚁科技智能硬件销售额已达到 10 亿元。

目前，边缘处理的主流研究方向主要有两个：一个是基于边缘计算技术，通过芯片或终端直接进行数据处理，效率虽然得到了一定的保障，但自动化、智能化水平较低；另一个是基于边缘智能技术，运用海量数据对算法进行训练，确保分析的精准性，为智能设备嵌入智能芯片，实现数据、算法和算力的闭环。

◆ 算力、算法和商业赋能

（1）算力。算力是衡量一家 AI 企业竞争力的核心指标。将"端—管—云"相结合是边缘智能创新的重要方向。小蚁科技在产品端投入了大量资源，将数据处理任务放在产品端处理，从源头上为"管"和"云"减轻了负担。未来，小蚁科技将进一步加大在"端"上的研发投入，力争实现高级算力在普通设备中的推广普及，并降低能耗。

（2）算法。小蚁科技研发的深度神经算法在云端部署了上千层的深度学习神经网络，在终端则以嵌入式、小比特神经网络为主。

（3）商业赋能。从边缘智能落地应用的角度来看，目前市场中已经出现了多个边缘智能应用案例。例如，在智能出行领域，部分汽车厂商研发的无人驾驶汽车应用了边缘智能技术。在汽车自动驾驶的过程中，车载摄像头和传感器可以感知汽车运行状态和周边环境信息，并将这些信息实时传输至车载计算机。然后，由云端向汽车发出控制指令，让汽车实现自动驾驶。小蚁科技在机器视觉、AI 算法等方面的技术优势，使其在自动驾驶汽车领域获得了广阔的发展空间。

◆ **边缘智能助力智慧零售落地**

从成立至今，小蚁科技在 IoT 软硬件及系统等产品的研发和生产方面投入了大量资源。在发展初期，小蚁科技主要实现了这些产品的边缘感知。之后，小蚁科技通过部署传感器等设备在边缘端进行数据整合，进行边缘处理和计算，最终使产品实现边缘智能。

对于拥有成百上千家实体店的连锁便利店，小蚁科技可以将大量实体店集成到云端，分析其运营数据，利用 AI 建立相关模型和算法，从而为它们的日常经营提供指导与帮助，实现"端 + 云"一体化联动。目前，小蚁科技通过在终端门店部署边缘智能，为零售企业提供零售门店智能产品、智能货架、智能营销和智慧决策等多种服务。

1.4 应用场景：边缘计算重构商业与生活

1.4.1 场景一：公共安全应急处理

消防、交通等公共安全问题是影响人们生活质量的重要因素。近年来，平安社区、智慧城市建设进程日渐加快，具备强大感知能力的传感器设备在城市内得到了广泛部署，这为保障公共安全奠定了良好的基础。将视频监控与边缘计算等技术相结合，可以使视频监控系统靠近数据源一端的摄像头等边缘设备具备智能处理能力，从而帮助公共安全管理单位有效应对交通事故、刑事犯罪和恐怖袭击等公共安全问题。

例如，武汉市于 2017 年被列为全国"雪亮工程"建设示范城市。2018年上半年，武汉"雪亮工程"为相关部门实施应急调度、抢险救灾及城市管理提供支撑服务 3000 余次，为群众查找走失人口、追回遗失贵重物品等服务 10 000 余次，全市刑事有效警情同比下降 27.2%。根据武汉市公共安全视频监控建设联网应用工作领导小组规划，2019 年上半年，全市公共安全视频监控总量将达到 150 万个，武汉市的反恐防暴、城市管理以及社会治理的能力将得到全面提升。

近年来，共享经济进入快速发展期。面对如此之多的共享经济产品和服务，传统监管手段很难发挥预期的作用。

当然，滴滴等企业也在积极尝试通过技术、人工审核等手段提高用户出行的安全性。例如，滴滴在快车、优享车、专车等网约车业务中增加了全程录音功能。与录音相比，记录实时画面显然更有利于提高用户出行的安全性，但这也对网络带宽、数据传输与处理速度等提出了更高的要求。

滴滴官方公布的数据显示：2018 年滴滴司机与乘客同行了 488 亿公里；司乘相伴的时间为 17 亿小时；司机等候乘客上车共计 1.5 亿小时；共有3000 万名代表推荐上车点的"小绿点"被标注；有 7600 万名用户添加了紧急联系人，有 5.3 亿人分享了自己的行程。如此庞大的数据规模给网络带宽和云端数据的处理带来了巨大的负担。

目前，虽然摄像头在城市中广泛分布，但它们仅具备数据感知功能，并不能承担数据处理任务，数据还是需要传回云端数据中心进行集中处理。只要引入了基于边缘计算技术的视频价值分析系统，就可以在靠近数据源的边缘端分析视频内容，进行摄像头故障检测、视频画质动态调整等。

此外，边缘计算服务商可以为摄像头等边缘设备配备视频分析程序，可以使多个边缘设备协同完成视频数据处理任务，并对特定目标进行实时追踪，这样就可以有效解决交通事故逃逸等公共安全问题。

在乘客获取网约车服务的过程中，只要将边缘计算技术应用于实时攻击检测系统，就可以在出现车辆偏离正常路线、司机和乘客发生争吵、乘客呼救等情况时实现自动报警，从而保障乘客安全。该系统将以用户手机或车载传感器为边缘节点，对车辆运行状态、车内情况及周边环境进行实时监测，对数据进行快速处理，避免数据回传到云端处理造成的时延，有效提高网约车平台的应急管理能力。

在公共安全事件中，既要保障普通民众的安全，也要保障警察、消防员和护林员等人员的安全。例如，在消防场景中，边缘计算服务商可以在消防车上部署边缘服务器，为消防员穿戴的头盔、服装以及灭火器等配备红外线摄像头及各种传感器，让消防车可以实时收集并处理火灾事故现场以及消防员身体状况、位置等数据。同时，消防车还可以将这些数据实时传输给现场指挥和远程控制中心，充分保障消防员的人身安全。

1.4.2 场景二：智能互联驾驶方案

无人驾驶汽车是边缘计算技术的一大主流应用场景。为了使无人驾驶汽车安全、高效地运行，需要为其配备摄像头、雷达、激光系统以及数百个传感器。

摩根士丹利分析师亚当·乔纳斯指出，无人驾驶汽车每小时产生的数据量达 40 TB。对海量数据进行实时处理是保障无人驾驶汽车安全的重要基础。试想，当一辆自动驾驶汽车以 100 km/h 的速度在高速公路上行驶时，其前方的货车上突然掉落下来一件大型货物。如果自动驾驶汽车先将数据传回云端处理，然后由云端发出刹车、规避障碍物等指令，就会造成较高的时延，这会使车内乘客陷入危险境地。在这种情况下，更可行的方案是，通过边缘计算在无人驾驶汽车摄像头等传感器端进行数据处理，使车载系统自主采取应急措施。

目前，多个城市正在推广智能交通控制系统，该系统可以利用边缘服务器对成千上万个传感器收集到的交通实时状态数据进行处理，从而实现交通监控、风险预警和优化调度。

目前，AT&T、丰田、爱立信和英特尔等汽车边缘计算联盟成员正在积极研究车联网解决方案，为无人驾驶汽车的推广普及提供支持。

随着车联网的推广，汽车、地铁和飞机等交通工具也将接入车联网，并将产生海量数据处理需求。飞机制造商庞巴迪为了对 C 系列飞机的发动机进行实时监测，为飞机配备了大量传感器。在 12 小时的飞行时间里，飞机产生的数据量高达 844 TB。通过边缘计算，庞巴迪可以帮助客户对发动机的潜在问题进行预警，及时提供配件更换等维修服务，保障飞机的飞行安全。

智能网联车（Intelligent Connected Vehicle，ICV）运用传感器、深度学习和机器视觉等技术，将汽车从一种交通工具转变为一个智能互联计算系统。ICV 为自动驾驶、车联网和智慧交通等业态的发展注入了新的活力。ICV 的部分数据存储、计算任务在边缘端完成将成为一种主流趋势。

自动驾驶汽车场景是前沿研究领域之一。研究人员提出了两种面向该场景的算法：一种是面向经典自动驾驶的算法评测数据集 KITTI[①]；另一种是面向多种自动驾驶阶段的视觉算法。同时，还有部分厂商开始研发面向 CAV 场景的边缘计算平台。

自动驾驶过程可分为传感、感知和决策三大阶段。通过对不同阶段的异构硬件的执行效果进行分析，研究人员可以发现自动驾驶任务和执行硬件之间的匹配规则。其中，感知阶段的核心应用包括定位、识别和追踪，对这三个核心应用在 GPU、现场可编程逻辑门阵列（Field Programmable Gate Arrey，FPGA）和专用集成电路（Application Specific Integrated Circuit，ASIC）芯片中运行的时延、功耗等进行对比，可以为开发端到端的自动驾驶边缘计算平台提供支持。

---

① KITTI 由德国卡尔斯鲁厄理工学院和丰田美国技术研究院联合创办，是目前最大的自动驾驶场景下的机器视觉算法评测数据集。

1.4.3　场景三：构建智慧医疗环境

近年来，血糖检测仪、智能手环和健身追踪设备等可穿戴设备受到了人们的青睐。要想充分发挥这些设备的价值，厂商需要对这些设备收集到的海量数据进行快速分析。目前，大部分可穿戴设备需要连接到云端才能工作，仅有少部分支持离线运行。

例如，在没有连接到云端的情况下，患者佩戴的智能手环也能对其脉搏、血压和睡眠等数据进行分析，以便医生快速了解其身体状况，并及时制定治疗方案。

边缘计算的应用不局限于可穿戴设备，在医疗健康行业的各个垂直领域也都有广阔的发展空间，如远程监控、医院管理、住院患者护理等。

在边缘计算的支持下，医疗工作人员可以为患者提供更优质的医疗服务，而且患者的个人信息也能得到有效的保护。例如，医院可以为每位患者的病床配备 IoT 设备，将收集到的患者数据在边缘端进行处理，避免患者数据被泄露、被篡改等问题。同时，即便发生大范围的云端或网络故障，医院也可以通过边缘计算对患者数据进行本地化处理，保障业务的正常运转。

上海研靖信息科技有限公司研发的 Region Studio 软件是边缘计算在智慧医疗领域应用的典型代表。该软件应用边缘计算、星际文件系统（Inter-Planetary File System，IPFS）等技术，打造去中心化的分布式系统，对数据进行安全、高效、低成本的传输和处理，并实时响应患者的医疗健康需求，使患者、医生、护士、医疗设备、医疗系统、医院和监管部门能够便捷地交互，对医疗资源进行高度的整合与利用，为医院的智慧化转型提供有力的支持。

Region Studio 软件通过信息化建设和"互联网＋"模式，打通了各级医院的信息系统，使医疗数据能够自由流通，显著提高了医院的运营效率。该软件还能引导医生积极参与分级诊疗，优化患者的就医体验，帮助基层医院提高医疗水平，推动"医联体"模式的建立。

对医疗工作者和医院而言，Region Studio 软件搭建了医疗工作者交流工作经验、开展项目合作的开放平台，使大医院能够远程帮扶基层医院，充分利用了大医院在医疗设备、医疗专家、管理模式等方面的优势，助力优质医疗资源下沉，有效缓解了医疗资源分配不均等问题。

1.4.4 场景四：推动智慧城市建设

智慧城市基于新一代信息技术对城市进行智慧管理，实现城市的智慧运行，切实提高了人们的生活质量。早在 2016 年，阿里巴巴旗下的阿里云就提出了"城市大脑"这一概念，希望通过对城市数据资源的充分利用赋能城市管理。不过，智慧城市建设过程中涉及的数据来源广泛、类型复杂，而且包括市民个人隐私和城市公共安全数据，仅靠云计算技术已经无法满足相关的数据处理需求。在这种情况下，运用边缘计算将部分数据在数据源一端进行处理就显得尤为重要。

边缘计算可以在智慧城市建设的诸多场景中得到应用。例如，在车流量控制场景中，利用智能交通控制系统中的边缘服务器收集车流量数据并进行实时分析，通过向交通信号灯发出指令、为交警提供疏通建议等方式，就可以很好地解决交通拥堵问题。

随着边缘计算在智慧城市建设中的应用越来越广泛，人们的日常生活也将随之发生重大变化。目前，我国人口规模超过 800 万的城市有 30 个，人口规模超过 1000 万的城市有 13 个。而一座拥有 800 万人口的城市平均每小时可产生 100 PB 数据，如果采用云计算处理这些数据，那么将占用大量的网络带宽资源，而且处理效率较低。更好的做法是，在城市里部署大量边缘设备并在边缘端对数据进行处理。边缘计算在智慧城市中的典型应用场景如图 1-10 所示。

图 1-10　边缘计算在智慧城市中的典型应用场景

（1）城市环境监测。在路灯、建筑物等基础设施上部署大量传感器，即可实时收集并处理城市空气质量、光照强度和噪声等环境数据，进而为人们的生活与工作提供指引，并帮助相关部门改善城市环境。

（2）电梯运营。在电梯中安装传感器，即可随时收集电梯运行状态、载客数和载重量等数据，并利用边缘服务器处理这些数据。这可以帮助电梯维护单位优化电梯运营，减少电梯故障，保障市民的财产与人身安全。

（3）自动驾驶。边缘计算使自动驾驶汽车的算力大幅度提升，从而使车载计算机具备了对潜在风险进行预测并执行有效应对方案的能力。在危险到来时，车载计算机可以在几毫秒内通过加减速、转向等操作规避事故或降低事故的危害性。

（4）智能快递。智能快递是智慧社区的重要组成部分。基于边缘计算的智能快递终端系统由智能快递柜和中央服务器两部分组成。其中，智能快递柜集成了二维码、图像识别、生物识别、传感器和自动控制等技术，可以对包裹进行识别、存储与管理；中央服务器应用了大数据、边缘计算和自然语言处理等技术，可以对覆盖范围内的智能快递柜进行统一管理，通过存储并处理包裹、用户和快递柜相关信息，为用户和快递员提供信息服务。

快递员将包裹放入智能快递柜后，智能快递柜利用射频识别技术、传感器等对相关数据进行收集，将收集到的数据传输到中央服务器进行边缘计算处理。处理完成后，中央服务器向系统发出提醒用户收件的指令。收到收件通知的用户凭取件码或通过生物识别验证身份后即可取包裹。

1.4.5　场景五：打造智能家居系统

IoT 技术的迅猛发展为厂商进一步完善智能家居系统奠定了良好的基础。智能家居系统中存在照明系统、安防系统和温湿度传感器等多种 IoT 设备，这些设备可以对家居环境进行实时监测，通过接收控制端的指令来调节室内的光照强度等，为家庭成员营造安全、便利、舒适的家居环境。

近年来，智能家居设备大量涌现，而且这些设备在结构、技术和功能等方面存在较大差异，对这些设备进行统一管理非常困难，更无法通过多种设备的智能联动为用户提供良好的体验。同时，家庭数据属于隐私数据，很多家庭不希望将自己的家庭数据传输到云中心处理。利用边缘计算在家庭内部网关等边缘节点完成家庭数据的处理可以有效避免泄露家庭隐私数据等问题，这在很大程度上提高了智能家居系统的安全性。

硬件、云服务和智能终端（智能手机）是智能家居行业的三大关键节点，很多业内人士将之称为"金三角"（见图 1-11）。在智能家居行业发展初期，硬件需要借助云平台进行控制，因为家庭网络以动态 IP 地址为主，而动态 IP 地址处于公网中，不支持家庭网络访问。

智能家居厂商在广告中称可以让用户在办公室远程控制智能家居设备，这并非利用智能手机与智能家居设备进行连接，而是通过调整智能家居设备云端状态，对智能家居设备进行控制。简单地说，就是利用云端进行内网和外网的透传。

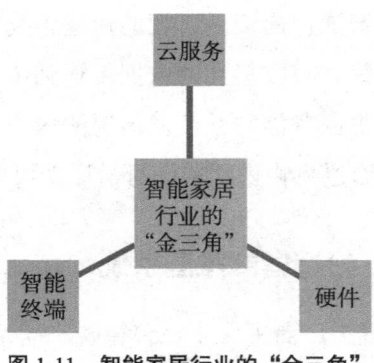

图 1-11　智能家居行业的"金三角"

在内网和外网透传的过程中，云计算发挥着关键作用。因此，大部分智能家居设备是通过云计算进行控制的，很多发生在家庭局域网中的智能家居设备之间的交互行为也是由云计算支持的。但是，家庭局域网中的智能家居设备过度依赖云平台会造成以下几个方面的负面影响。

（1）智能家居设备失控风险。在利用智能手机控制智能家居设备时，手机连接到局域网后，确实可以对智能家居设备进行直接控制，但当手机处于外网时，则需要借助云计算进行透传，一旦出现网络故障，将导致智能家居设备陷入失控状态。

（2）设备响应时间不可控。智能家居设备每隔一段时间就会对云端状态进行检查，如果状态发生变化，那么智能家居设备就要通过调整自身的参数来与云端状态保持一致；如果状态没有发生变化，则不做调整。在这种情况下，设备响应时间受两个因素的影响：一是智能家居设备检查云端状态的周期，如果周期较短，就会增加设备能耗，反之则会造成较高的设备延迟；二是智能家居设备接入的网络的稳定性，很多家庭的网络稳定性不强，导致设备响应时间不稳定。

（3）用户体验不佳。一般来说，如果是空调、空气加湿器等对响应时间要求不高的设备，那么时延基本不会影响用户体验。但如果是灯光设备、音乐设备等对响应时间要求较高的设备，那么时延较高将会严重影响用户体验。

IoT 技术的应用将使人们的家居生活愈发自动化、智能化。未来，智能电视机、智能空调和智能机器人等将成为人们日常生活的重要组成部分。这些设备的智能化需要强大的数据分析与管理能力，因此，在未来的智能家居环境中，管道、地板和墙壁等部位都将部署大量传感器等设备。从数据处理效率和数据保护的角度来看，智能家居系统数据需要通过边缘计算在家庭端就近处理。

随着市场上的智能家居产品越来越多，通过产品联动形成的智能家居场景发挥的作用愈发关键，但产品联动不能过度依赖云计算，因为这会影响数据处理效率和用户体验。在这种情况下，引入边缘计算将成为必然选择。

1.4.6　场景六：工业互联网的核心

工业互联网实现了人、数据和设备三者之间的连接，是全球工业系统和高级计算、分析、感应技术以及互联网相互连接融合的结果。美国、日本和德国等国家都在积极推进工业互联网的建设，我国同样对其给予高度重视。《关于深化"互联网＋先进制造业"发展工业互联网的指导意见》《工业互联网 App 培育工程实施方案（2018—2020 年）》《工业互联网发展行动计划（2018—2020 年）》等文件的出台，推动着我国工业互联网的建设和发展。

工业实时控制、设备数据保护等需求决定了边缘计算在工业互联网场景中具有广阔的发展空间。将边缘计算应用于工业互联网可以产生以下几个方面的正面作用。

（1）提高处理效率。如果工业生产过程涉及的产品质量分析、事故预警和应急处理等应用由工厂进行本地化处理，那么处理效率会更高，更容易达到预期效果。

（2）保障数据安全。采用边缘计算可以规避向云中心传输数据过程中出现的数据被泄露、被篡改等问题。

（3）降低成本。在边缘端进行数据处理能节约带宽资源，减少能耗，降低企业的运营成本。

利用边缘计算技术对薄膜焊接工业机器人系统进行优化的测试项目显示，基于边缘计算技术为薄膜焊接工业机器人系统设计的"物理资源＋边缘＋云"的架构，在时延性方面的表现明显优于基于云计算技术的系统，而且能节省 883 Kbps 的带宽资源。

边缘计算有效地提高了智能制造工厂的灵活性。工厂可以通过部署海量传感器来对设备的运行状态信息进行实时分析，并在设备即将出现过热、过载等问题时及时采取有效措施，降低事故发生概率。

未来的智能工厂需要多种机器人协同配合来完成生产任务，这些机器人将配备大量的传感器，它们将被共同连接到一个边缘计算设备上，该设备可以通过机器学习模型分析这些机器人的运行状态，预测其下一步的行动。如果边缘计算设备发现某个机器人下一步可能出现误操作，那么该设备就会向该机器人发出停止行动的指令，并向管理人员发出警报，由管理人员及时排除潜在故障。

在边缘计算设备的支持下，工厂可以充分挖掘数据资源的潜在价值，为机器人的稳定运行提供有效指导，在降低安全风险的同时大幅度提高生产效率。

1.4.7　场景七：其他商业领域应用

◆　智能农场

农业集中的区域往往较为偏远，交通、通信等基础设施不完善，互联网普及率较低，而且带宽不足。按照传统模式，要想在这些区域将传统农场升级为智能农场，就要部署超长光纤或发射一颗全天候运行的卫星，成本难以估量。而边缘计算则能以较低的成本实现对传统农场的智能化改造。

在未来的智能农场中，农场管理人员可以通过部署边缘节点对农场里的光照、温湿度、植物生长状况、土壤情况和设备运转状态等进行实时监测，并对光照设备、灌溉设备等进行智能控制。

◆ **能源和电网控制**

在石油、天然气等能源领域，边缘计算可以有效提高能源开采与传输的安全性。例如，在开采石油的过程中，管理人员需要对压力、温度等进行精准控制，为此，可以在油管等设备上安装大量的传感器，并将其连接到边缘设备上。当边缘设备发现油管温度出现异常时，便会及时发出警报，提醒管理人员立即采取有效措施。

在电网控制领域，边缘计算可以对不同区域（如工业生产区域、居住区域）、不同类型（如家庭用电、工业用电）的电能使用情况进行实时监测，并在边缘端处理突发事故，从而提高电能利用效率和安全性。

◆ **金融业和零售业**

金融业和零售业都需要借助大量用户数据和后台数据为经营管理决策提供支持。边缘计算可以有效提高决策效率和科学性。

近年来，智能风控、智能投顾和智能客服等智能金融业态快速发展，边缘计算技术的引入将为智慧金融产业的发展增添新动能，具体表现在以下几个方面。

（1）智能身份识别。金融机构可以利用边缘计算设备快速对用户进行人脸识别、虹膜识别等生物识别，从而更安全、更高效地服务用户。

（2）智能供应链金融。边缘计算可以帮助物流企业对仓储、配送等物流基础设施进行智能化改造，如实现对港口码头货物的实时监控等，从而为智能供应链金融落地奠定良好的基础。

边缘计算在增强零售用户体验方面的作用尤其值得重视。目前，越来越多的零售企业认识到了用户体验的重要性，并通过员工培训、门店数字化改造和拓展增值服务等手段优化用户体验。未来，边缘计算将成为零售企业增强用户体验的得力助手。举例来说，店长可以通过门店部署的边缘计算系统对门店经营数据进行本地化分析，及时对营销方案、品类管理、商品陈列和售后服务等进行优化与完善，而不是机械地执行总部提供的运营指导方案。

可穿戴设备和机器人等 IoT 设备将深刻影响人们的生活和工作。颠覆性的 5G 技术实现全面商业化近在眼前，数据规模将迎来爆发式增长。云计算曾经被视为数据存储、处理及管理的终极方案。然而，庞大的数据规模使业界逐渐认识到了云计算的局限性，将边缘计算作为云计算的补充已经成为共识。

目前，边缘计算处于初级发展阶段，其全面应用仍面临一定的挑战。例如，目前尚缺乏可以满足边缘计算需求的软硬件设备，基于机器学习的智能系统尚不具备在云端计算和边缘计算之间自由切换的能力。可以预见的是，随着科技的不断进步，这些问题将迎刃而解，边缘计算将成为如同水和电一般的基础设施被广泛应用于各行各业。

第**2**章

战略布局：边缘计算助力
企业数字化转型

2.1　基于边缘计算的企业数字化转型升级

2.1.1　新一轮的技术红利与市场机会

目前，边缘计算尚未实现普及，但从运营商和科技巨头的诸多探索实践案例来看，边缘计算将迎来技术红利期，并为相关创业者和企业带来巨大的发展机遇。

◆　去中心化

在 TMT[①] 领域，开放是主旋律，而去中心化则是开放的直接体现。在互联网数十年的发展过程中，从业者一直在为实现去中心化奋斗，而且在媒体、电商等领域确实取得了良好的效果。不过，从整体趋势来看，实现去中心化任重而道远。未来，边缘计算将实现计算的去中心化，分布式架构能将数据存储、计算和管理等功能从云端转移到边缘端。

◆　非寡头化

搜索、社交和通信等诸多 TMT 行业出现了"赢家通吃"现象，少数几家巨头以绝对优势占据了绝大部分市场份额。而在边缘计算领域，可能会出现非寡头化的百花齐放的局面。出现这种局面的核心原因是，边缘计算涉及移动互联网、IoT、工业互联网、AI、硬件设备和网络服务运营等多个领域，科技企业、硬件厂商和运营商等各种角色可以从不同的角度切入，建立核心

---

① TMT 是指通信、媒体和科技（Telecom、Media and Technology），是电信、媒体和信息技术融合发展的产物。

竞争优势，避免出现少数巨头垄断市场的局面。

◆ **万物边缘化**

边缘计算并非新行业、新领域，而是一种面向未来的网络、计算、存储和应用等近端整体解决方案的基础设施和基础能力。因此，边缘计算会和互联网、移动互联网以及 5G、AI 一样得到广泛应用。

◆ **安全化**

过去，IoT 场景主要使用云计算，与用户相关的各种数据需要上传到云中心处理。在此过程中，用户信息（包括年龄、性别、联系方式等）、电商数据、出行数据和金融数据等与用户人身和财产安全有关的数据在上传过程中面临着被泄露、被篡改等风险。引入边缘计算后，便可以在边缘端管理这些数据，不必再将数据上传到云中心处理，切实保证了数据的安全。

◆ **实时化**

无人驾驶汽车、智能家居、智能工厂、智慧交通和智慧城市等 IoT 应用场景大量涌现，这对网络传输、人机交互和算力等提出了更高的要求。以无人驾驶汽车为例，在路况复杂的道路上高速行驶的无人驾驶汽车的响应速度必须控制在毫秒以内，如果在云中心处理摄像头、雷达、激光等传感器收集到的海量数据，则其时延根本无法满足实际需求，而边缘计算则可以对这些数据进行本地化处理，实现对用户需求的即时响应。

◆ **绿色化**

由边缘端对数据进行本地化处理，将有效降低数据向云中心传输、处理所造成的带宽占用较多与服务器能耗过高等问题，有助于控制成本，实现可持续发展。

边缘计算的全面推广普及是一项庞大复杂的系统工程，它在推动 IoT、AI、无人驾驶汽车、智能交通、AR、VR、智慧城市等应用发展的同时，也将因这些应用的发展长期受益。未来，边缘计算将以不可阻挡之势席卷全球。对各个行业的企业而言，通过率先布局抢占先机，获得边缘计算产业发展红利是更明智的选择。

2.1.2　边缘计算重塑新的商业模式

边缘计算将催生新的商业模式，并对 5G 竞争格局带来颠覆性的影响。边缘计算通过在云中心和终端（如智能手机）之间的网络中添加新的计算模块，进一步提高了资源利用率，降低了成本。随着边缘计算技术日渐成熟，将有望实现全栈式搬迁（如对整台 Web 服务器进行搬迁），使服务获取趋向本地化。

◆　**软件化将是关键推动力**

网络堆栈软件化在边缘计算的推广过程中扮演着重要角色。在实现网络堆栈软件化后，运营商可以通过网络功能虚拟化（Network Functions Virtualization，NFV）技术，以及 OpenStack 云计算管理平台等完成全栈式搬迁。底层传输网络的软件化将引发网络架构的变革，从而使其更高效、更灵活地为用户服务。

此外，利用软件定义网络（Software Defined Network，SDN）技术可以将用户面和控制面分离，让 SDN 硬件设备具备软件服务的能力。

◆　**运营商和服务提供商的新的发展机遇**

通过网络结构软件化、NFV 管理的计算基础设施，可以对网络堆栈关键部分进行虚拟化处理，这给运营商和服务提供商带来了新的发展机遇。运营商在为谷歌、英国广播公司等服务提供商提供托管计算机服务时，需要将托管计算机安装在网络接入点上。网络结构软件化不仅可以提高网络结构的灵活性，而且可以进一步扩大运营商的用户范围，更好地为服务提供商提供通信即服务（Communications as a Service，CaaS）服务。运营商将在靠近终端用户的硬件（包括基站、宽带网关和客户端设备等）中部署基于 NFV 平台的功能，从而提高自身托管站点基础设施 IT 资产利用率。这将使运营商有能力为所有提供超文本传输协议（Hyper Text Transfer Protocol，HTTP）服务的企业提供边缘代理服务，并且满足 5G 通信需求。

◆ **进行全栈式搬迁所面临的挑战**

互联网堆栈的全栈式搬迁并非一件易事。IT 连接应该可以在网络架构中的各个节点进行自由连接或断开，这既需要创新路由方法，也需要建立移动处理机制。因为现行的围绕锚点建立的解析方法，在设备和服务具有较强移动性的场景中无法发挥实际作用。

互联网堆栈的全栈式搬迁不能仅从 IP 角度考虑。特别是在移动网络场景中，应该对传统的基于承载的连接模式进行重新解析，因为这种连接模式的逻辑是构建一种从移动网络部分向其他部分转移的通道，存在时延与成本较高的问题。

在优化连接模式的同时，也要对传统的基于 HTTP 的 Web 服务进行改进，将其请求重新定位至靠近终端用户的服务端点或小型数据中心。传统的 DNS 解析方法难以适应边缘计算对灵活性和时延性等方面的需求。

在边缘计算场景中，选择网络、服务器负载等服务端点时尤其要注重需求响应的及时性。

在 5G 网络中，支持 SDN 的传输网络将成为主流。因此，运营商和科技企业等在开发边缘计算解决方案的过程中，需要对网络自我管理尤其是边缘端网络自我管理进行积极创新。

2.1.3 边缘计算助力企业数字化升级

边缘计算为企业更好地服务终端用户提供了有力的支持。加特纳公司将边缘计算列为企业在 2019 年需要探究的十大战略性技术之一，并强调该技术在交通、工业和零售等诸多领域拥有广阔的应用空间。

事实上，在未来智慧城市的运行和管理过程中所需要的大部分算力将由边缘计算提供。经过边缘计算的处理，只需要向云平台传输少量的、精准的、高质量的结构化数据即可，这能够缓解带宽压力，减少对云中心存储、计算等资源的占用，在本地端即可开展数据资源挖掘，大幅度提高城市数据资源利用率。

在边缘端进行数据处理，可以让终端用户获得实时响应，以更低的成本获得更安全、更稳定、更优质、更高效的服务。

◆ 边缘计算带给企业更快速的反馈

企业可以运用 IoT 设备收集到的实时数据分析用户需求，预测市场趋势，保护自身的数据资产，更灵活地应对激烈的市场竞争。

多部门和多层级的存在让企业在响应用户需求和应对外部变化方面存在一定的滞后性。在云计算模式中，将数据从数据源传输到云中心，再回传至企业的时延可达 150 毫秒 ~ 200 毫秒。而利用靠近用户端的服务器、网关等对数据进行处理，可以将时延缩短至 2 毫秒 ~ 5 毫秒。因此，边缘计算将极大地提高企业响应用户需求的速度。

制造型企业更容易成为边缘计算技术发展的受益者。在工厂内部，很多生产任务都需要利用 IT 系统对生产过程进行全程监测，以便及时发现问题，降低次品率，在规定时间内完成产品交付。引入边缘计算后，工厂可以通过在流水线部署的边缘设备收集和分析数据，实现对生产过程的全程监测，大幅度缩短时延，促进工厂提质增效。

◆ 一致的联网性能

在数字经济时代，联网性能是影响企业生存和发展的重要因素。那些位于偏远地区或网络不稳定的企业，更需要利用边缘计算高效地开展仓储、物流等业务。

与云计算相比，边缘计算的安全性和可靠性有更高的保障。企业可以利用边缘计算建立 IoT 平台，使企业更高效、稳定地接入网络，并通过网络整合优质资源，为终端用户提供各种优质服务。

◆ 5G 将带来全新的维度

5G 将推动连接方式和连接模式的创新。随着移动互联网在人们日常生活和工作中扮演的角色愈发关键，5G 的价值将在多种应用场景中得以体现，而边缘网络具备更强大的性能，能够更高效地收集多维度数据，使服务商能够更精准地满足用户的个性化需求。

5G 网络使企业能够获得更低时延、更高速度的网络基础设施，从而帮助企业更好地应用 IoT 设备，提高企业响应用户需求的速度。当然，这需要企业重视并持续扩大边缘端投资。

随着边缘设备之间的协同联动技术与模式愈发成熟，企业将从得到广泛应用的边缘计算所带来的边际效应中持续获利，同时数据安全等问题也能得到有效解决。

企业在数字化转型的过程中需要对软硬件设备、技术等进行持续更新，也要基于边缘计算构建更扁平化、可以实时响应用户需求的业务流程体系，这能有效缓解因数据规模快速增长造成的经营成本压力，并通过为用户提供优质体验赢得广大用户的支持与认可。

2.1.4 【案例】腾讯云："云—边—端"协同布局

中心和边缘协同合作将加快行业的数字化转型进程。随着 IoT 的普及，"云—边—端"将成为网络架构的主流模式。在这种背景下，腾讯云在继续巩固云计算能力优势的基础上，进一步加快布局边和端的计算能力，从技术与平台服务等方面为用户提供有力的支持。腾讯云的"云—边—端"网络架构如图 2-1 所示。

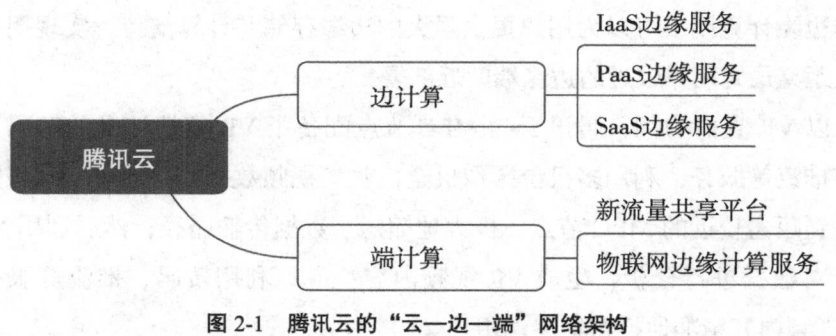

图 2-1　腾讯云的"云—边—端"网络架构

◆ 边计算

边计算是指将数据、计算和应用转移到边缘设备上，帮助云处理和存储部分数据，减轻云的负担，并提高处理效率、降低时延。雾计算就是一种典型的边计算。目前，CDN 逐渐向基础网络层演变，它在网络边缘端部署了大量节点设备，使开展雾计算成为可能。

在 Web 2.0 和 Web 3.0 时代，用户动态数据需求快速增长。此时，CDN通过在边缘端提供动态路由优化方案为用户提供最优路径服务。在电商时代，为了迎合电商业务在特定时间节点订单量爆发式增长的特性，CDN 通过在边缘端建立分区域回源和智能排队机制，不仅提高了电商企业在高峰时段的用户需求响应速度，而且增强了企业的防护能力，降低了企业的经营风险。

目前，腾讯云围绕腾讯云 CDN 打造的腾讯云边缘计算网络，可以为用户提供基础设施即服务（Infrastructure as a Service，IaaS）、平台即服务（Platform as a Service，PaaS）和软件即服务（Software as a Service，SaaS）等边缘服务。

（1）IaaS 边缘服务。腾讯云在打造腾讯云边缘计算网络的过程中，对大量 CDN 边缘节点进行复用的同时，也在国内外大量部署接入点，并将其与腾讯云机房专线连接。同时，腾讯云还帮助运营商建立 MEC 节点，赋予无线网络边缘计算能力。在 CDN 边缘节点、接入点和 MEC 节点的支持下，腾讯云边缘计算网络可以为用户提供强大的边缘存储和计算支持，实现用户业务在距离最终用户较近的边缘端就近部署。

以 VR 直播为例，腾讯云为 MEC 节点配备了 VR 直播涉及的转码、拼接和推流等服务，利用多机位摄像机全面收集视频数据，并通过基站将数据传输到距离较近的 MEC 节点，极大地缩短了数据传输路径；然后利用 MEC 节点对数据进行分析，生成 VR 视频内容；最后利用转码、推流等服务将 VR 视频内容精准地推送给终端用户。

（2）PaaS 边缘服务。目前，腾讯云边缘计算网络已经开放了无服务器函数服务，并在边缘计算节点开放代码运行环境，使那些无力承担建立并运维中心服务器所产生的高昂成本的中小企业也能开展相关业务。在 CDN 场景中，将无服务器函数部署在边缘节点后，就可以在客户端请求、回源请求、回源响应和客户端响应等节点对无服务器函数进行调用，从而实现服务的精准提供。

腾讯云 CDN 安全防护场景就是这一应用的典型代表。腾讯云将流量识别函数部署到 CDN 边缘节点，对于正常请求，由源站快速处理；对于恶意攻击，由高防集群处理，将威胁拒之门外。

除了 CDN 业务，PaaS 边缘计算服务还能为安防、人脸识别等其他业务赋能。例如，在无人便利店中，边缘计算服务商可以帮助便利店运营商在边缘节点进行人脸识别，在边缘端直接将摄像头捕捉到的人脸信息与本地数据库数据进行对比，快速完成顾客身份识别，缩短顾客购物时间，给顾客带来更优质的购物体验。

（3）SaaS 边缘服务。目前，腾讯云边缘计算网络的 SaaS 边缘服务主要面向游戏场景。云游戏 SaaS 服务模式可以使游戏厂商和发行商提高用户体验并实现高效分发。云游戏是一种用服务器运行游戏，利用编码压缩技术对经过渲染的游戏画面进行处理，然后以视频流的形式提供给用户的游戏解决方案。云游戏降低了游戏对客户端用户硬件配置（如 CPU、显卡）的要求，能够提升游戏的流畅性，并扩大游戏用户群体。

不过，云游戏对网络传输时延有严格的要求。腾讯云在与联通、中兴等企业合作开展的 5G 业务场景测试项目中，通过在边缘节点部署云游戏服务器，大幅度降低了时延，得到了测试玩家的一致好评。

◆　端计算

在端计算方面，腾讯云 CDN 积极在智能设备领域进行探索，研发新的流量共享平台产品。在流量共享平台产品中，腾讯会向使用具备数据存储和计算能力的智能硬件（如智能音箱、智能路由器）的用户获取授权，整合闲置的带宽和存储资源，为用户提供价格更低、功能更完善的 CDN 产品。

同时，腾讯云将边缘计算网络和 IoT 套件相结合，有效提升了自身的 IoT 边缘计算服务能力，使用户可以利用自有设备获取本地计算、信息收发、缓存及同步服务。另外，用户可以在云端编写业务逻辑代码，设置运行方式和消息规则，一键下发至 IoT 边缘。之后，系统自动执行代码和配置同步，运行云函数，并提供消息收发、缓存和同步等服务支持。

2.2　企业布局边缘计算的实践策略与路径

2.2.1　服务提供商要考虑的五大因素

边缘计算吸引了资本的广泛关注，电信业、零售业和制造业的各路玩家在边缘计算领域进行了广泛布局。中信证券研究部发布的数据显示，预计到 2020 年，边缘计算市场规模将达到云计算市场的 10%；下游需求预计在 5 年内集中爆发；到 2025 年，边缘计算市场规模将达到云计算市场的 50%，边缘计算市场规模将达 4000 亿美元（相当于 2020 年边缘计算市场规模的 10 倍）。

随着人们对体验的重视程度不断提升，网络延迟问题愈发凸显，能否解决这一问题将直接影响企业的经营业绩。

有研究指出，网络延迟对很多科技公司的影响是致命的。对亚马逊而言，当网络出现 100 毫秒的延迟时，其销售量将减少 1%；对谷歌而言，当搜索页面出现 0.5 毫秒的延迟时，其网络流量将降低 20%；当线上交易平台出现 5 毫秒的延迟时，可能会给证券经纪人造成数百万美元的损失。

服务提供商更倾向于使用 SDN 和 NFV 架构，因为这两个架构能使它们更灵活地服务用户。有线网络和无线网络的一体化融合，再加上 IoT 设备对带宽、时延性等方面的要求不断提高，为边缘计算的发展注入了巨大活力。毋庸置疑，建立边缘数据中心需要投入大量资源。因此，边缘计算服务商应该先建立"五点检查表"（见图 2-2）。

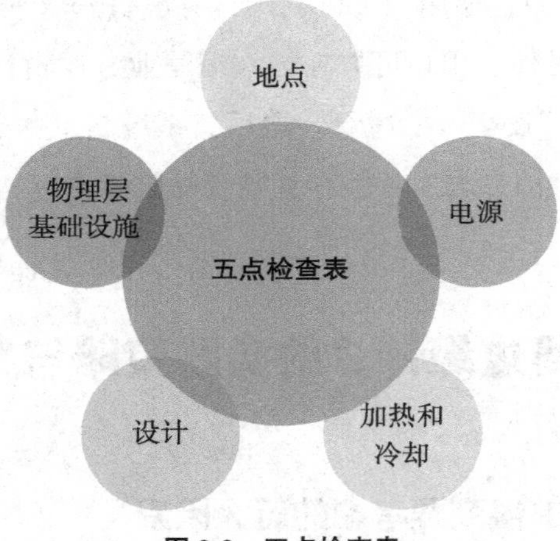

图 2-2　五点检查表

◆　地点

地点是指边缘数据中心的地理位置和物理站点的位置。边缘计算服务商需要考虑边缘数据中心与终端用户之间的距离，距离较短才能降低时延，提升用户体验。同时，数据资源的合规使用也非常关键。为此，边缘计算服务商需要对目标市场的数据法律法规进行深入研究，并与当地监管部门事先做好沟通。

建设边缘数据中心可能需要建立边缘设施建筑物。此时，边缘计算服务商需要思考建筑物应该占多大的空间，以满足存放机架、机柜等的需求，同时还要充分考虑未来功能拓展产生的空间需求。边缘计算服务商可以选择对现有建筑物进行改造，或者新建建筑物。无论采用何种方式，都要综合考虑成本和效益。

◆　**电源**

电源是数据中心的关键模块。为了确保出现意外事故时数据中心仍能正常运转，传统数据中心通常会事先准备备用电源。但对边缘数据中心而言，电源冗余可能会造成成本过高。因此，边缘计算服务商在建设边缘数据中心时可以考虑从多个数据中心的多个入口点接入多个电网的电力。当然，为了应对停电等意外情况，边缘计算服务商还需要在数据中心准备备用发电机。

◆　**加热和冷却**

在数据中心运行的过程中，需要通过暖通、通风和空调等设备进行加热或冷却，避免温度过低或过高造成的设备故障，这些设备会消耗大量的能源。在传统的数据中心里，有 50% 的能源是被加热和冷却设备消耗的。科技企业采用了多种方式来降低数据中心能耗。例如，谷歌利用海水为数据中心降温，易贝用 30.5℃ 的温水为位于沙漠中的数据中心降温。

边缘数据中心除了使用传统方式控制温度，还可以通过引入新材料（英特尔开展的一项测试项目将服务器浸泡在矿物油中）或科学选址等方式控制温度。需要指出的是，建立完善的温度监控系统是对边缘数据中心温度进行精准控制的重要基础。

◆　**设计**

从边缘计算服务商的特征来看，边缘数据中心面临的设计问题主要是安防问题。在运用传统安防手段的同时，也要引入智能安防（如生物识别）手段。消防安全是设计边缘数据中心时需要考虑的重要因素，由于数据中心本身的特殊性，在出现火情时不能使用常规的喷水灭火手段，因为部分设备浸水后可能无法修复。目前，数据中心最常使用的消防手段是安装惰性气体系统。

◆ 物理层基础设施

数据量大幅度增加、新功能开发和客户需求升级等对物理层的基础设施提出了更高的要求，这些也是边缘计算服务商需要解决的重要问题。在设计边缘数据中心时，边缘计算服务商要为物理层基础设施更新迭代做好准备，避免因准备不充分造成重复建设、用户体验不佳等问题。

2.2.2　边缘计算的技术模式与部署思路

层出不穷的 IoT 设备使传统云中心集中处理数据模式的成本快速增加，引入边缘计算对数据进行本地化处理，不仅可以增强企业满足用户需求的能力，而且可以推动企业的数字化转型，对企业发展具有非常重要的现实意义。

◆ 边缘计算的技术能力

边缘计算的技术能力主要表现在以下四个方面。

（1）数据处理。边缘计算可以进行简单的数据汇总与筛选，也可以进行复杂的事件分析处理，还可以通过机器学习算法对数据进行智能处理。

（2）数据规范。边缘计算可以将边缘端传感器收集到的海量、无序和类型多元的数据进行标准化处理，从而为本地化应用和云中心提供支持。

（3）设备监控。边缘计算可以对汽车、机器人等设备的运行状态及周边环境进行实时监控。

（4）数据传输。边缘计算可以对边缘端数据进行处理，并将部分数据传输到云中心，为更复杂的应用和服务提供支持。

◆ 边缘计算的技术模式

边缘计算既支持固定设备（如工业设备）部署，也支持移动设备（如无人驾驶汽车）部署。边缘计算的技术模式包括嵌入式计算、网关和微数据中心（也称边缘服务器集群），具体如图 2-3 所示。

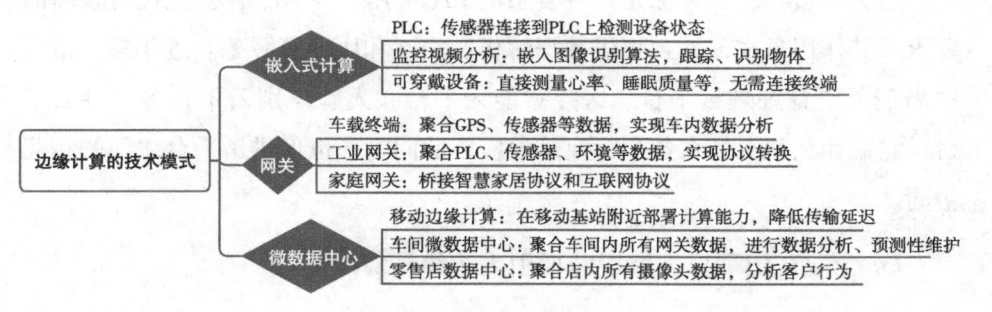

图 2-3　边缘计算的技术模式

（1）嵌入式计算。监控摄像头和智能手环等边缘设备可以嵌入计算能力，从而具备数据采集和简单的数据处理能力，这些设备还可以嵌入在云端完成训练的 AI 模型。由于这些设备本身的局限性，嵌入式计算的计算能力相对较弱。

（2）网关。网关在数据分析、数据聚合、过滤、传输和协议转换等方面比嵌入式计算的表现更优异。工业网关往往增加了设备监控、风险预警等功能。未来，在网关中引入机器学习算法能使网关拥有处理复杂数据的能力。

（3）微数据中心。服务器是微数据中心的基础设备，应用了虚拟化、大数据等技术，可以在靠近数据源的边缘端提供高密度计算支持，对网关中的数据进行聚合，执行复杂事件实时处理、流式数据处理等任务。

◆　**边缘计算的部署方式**

运营商等在开展边缘业务时可以考虑以下三种边缘计算部署方式。

（1）个人边缘。个人边缘面向个体和家庭，通过智能手机、智能眼镜、智能手环、医疗传感器、智能音箱和家庭机器人等智能设备为用户提供服务。为了更好地满足用户需求，很多个人边缘设备具有移动性，而移动设备需要具备续航时间长、可以离线运行等特性。

（2）业务边缘。业务边缘可以对个人边缘设备、机器人和传感设备等产生的信息进行聚合处理，可以将边缘计算部署在家庭或办公室中。

（3）云边缘。云边缘是一种复杂的 IoT 应用，对云平台协同性有较高的要求，其作用是在云平台提供数据解析、交互和协同等服务。近年来，市场中出现了语音处理云平台、医疗智能云平台和人脸识别云平台等多种云平台，它们在加快 IoT 在各个行业落地应用的同时，也促进了平台之间的相互协同。

◆ 企业在出现以下情况时要引入边缘计算

企业在出现以下情况时可以引入边缘计算。

（1）出现业务延迟问题时。部分业务因为将数据上传到云端处理并提供反馈而出现延迟，影响了用户体验。为了解决这一问题，企业可以引入边缘计算，在边缘端处理数据。

（2）出现带宽资源不足问题时。带宽资源不足不仅会降低传输效率，而且会降低企业的运营效率。为此，企业可以引入边缘计算，在边缘端完成部分数据的处理，这可以有效减少对带宽资源的占用。

（3）没有足够的资源用于建立并运行数字化平台时。建设数字化平台需要投入大量的人力、物力等资源，而大部分中小型企业没有充足的资源，这时企业可以引入边缘计算，以较低的成本实现本地化的数据处理。

随着边缘计算的不断发展，智能家居产品、网关的计算性能将大幅度提高，并将具备较强的边缘端数据分析能力。与此同时，微数据中心型边缘计算产品将大量涌现，这将对推动数字化平台的建设与创新产生非常积极的影响。

2.2.3 企业构建边缘计算的策略及路径

在越来越多的 IoT 应用场景中，数据分析、存储和管理等开始由边缘端完成，用户需求可以更快速地得到响应，这对刺激重复购买与口碑传播具有非常积极的影响。引入边缘计算已经成为很多企业的重要任务，但引入边缘计算并非易事，建议企业按照图 2-4 所示的路径逐步推进。

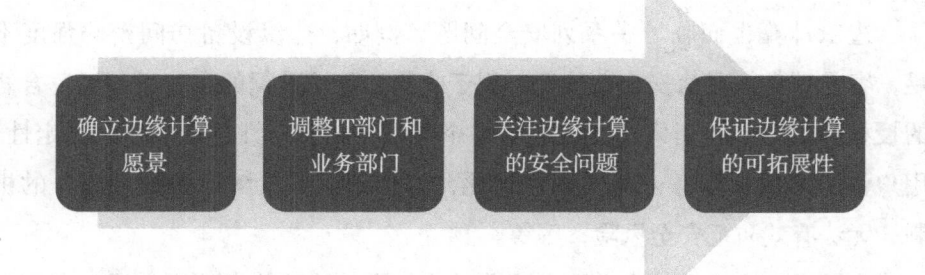

图 2-4　企业引入边缘计算的路径

◆　**确立边缘计算愿景**

引入边缘计算需要部署一系列软件和硬件设备，用于数据处理、存储以及与云中心交互等。为了充分抓住边缘计算带来的发展机遇，很多企业投入了大量资源，希望能够在短时间内享受到边缘计算带来的技术红利。但在实践过程中，这一想法很难实现。能否成功部署边缘计算，受行业特性、企业现状和部署方案等多种因素的影响。其中，部署方案应该以解决实际问题为导向。对企业来说，更明智的选择是，先在部分业务或部门中进行小范围试点，然后逐步推进边缘计算在企业中的全面应用。

◆　**调整 IT 部门和业务部门**

部署边缘计算后，部分数据处理、存储等工作在边缘端完成，这将对企业运营管理模式产生直接影响。企业的 IT 部门和业务部门需要为此做出有效调整，实现部门内部及部门之间的高效协同。如果不能做到这一点，那么部署边缘计算不仅不能创造价值，而且会带来严重的资源浪费问题。

为了让边缘计算在推动业务价值增长方面发挥预期作用，企业不仅要做好边缘计算资源的整合与管理，更要从企业长期发展规划和战略的高度建立边缘计算长效运行机制。

◆ **关注边缘计算的安全问题**

边缘计算也面临着一系列安全问题。例如，边缘设备访问密码强度不足，容易被盗；通信安全性较低，用于收集和传输数据的设备没有经过合法的授权和加密；在引入边缘设备时，企业往往将安全性排在效率、稳定性、用户体验之后；服务未能实现可视化，安全部门不了解设备提供服务的机制，无法有效防范安全风险，等等。

为了提高安全性，企业可以强化并定期更换边缘设备密码，通过虚拟专用网（Virtual Private Network，VPN）传输数据并加密，为设备提供物理安全保护措施，定期分析网络日志，对网络中的未知设备进行识别并预警等。

◆ **保证边缘计算的可拓展性**

未来，医疗、交通和制造业等行业的 IoT 应用进程将明显加快。为了适应这种变化，企业应该制订合理的边缘计算发展计划，从技术与设备引进、人才培养等多个角度对边缘计算进行优化与完善，保证边缘计算的可拓展性。

Futuru 公司于 2018 年发布的边缘计算报告指出，未来边缘端产生的数据规模以及由边缘端处理的数据占比都将快速提升，这将使 IoT 设备得到边缘计算的有力支持。如果企业没有在数据存储、数据管理和网络连接等方面做好可拓展性规划，那么将无法从边缘计算发展中受益。

2.2.4　企业应对边缘端安全问题的策略

在 IoT 时代，IT 部门在维护企业安全方面发挥的作用愈发关键。近年来，IoT 设备、机器人、本地化系统和网络等被部署在企业边缘端，这对 IT 部门的安全工作提出了更高的要求。随着边缘计算应用愈发多元化，边缘计算环

境中暴露出来的安全问题越来越多。为了解决这些问题，企业应采取图 2-5
所示的六大策略。

图 2-5　企业应对边缘端安全问题的六大策略

◆　**风险管理和灾难恢复**

为边缘计算建立风险管理机制并制订事故恢复计划是提高边缘计算应用
安全的有效手段之一。很可惜的是，大部分企业并没有建立风险管理机制，
它们在遇到意外事故时往往需要付出极高的成本才能使应用系统恢复正常
运转。

在建立边缘计算风险管理机制并制订事故恢复计划的过程中，企业需要
对边缘任务关键系统、网络及设备等进行有效识别，制定事故应急处理方
案。黑客攻击企业的网络或系统之前往往会制订周密的计划，如果企业的 IT
部门缺乏风险管理机制的指引，那么极有可能会在黑客发起攻击时陷入慌

乱，导致企业遭受巨大的经济损失。更严重的是，这有可能会动摇客户和投资者的信心，对企业的长期发展十分不利。

◆ **建立自动监测网络**

终端用户使用复杂多元的设备和操作系统，这会进一步提高边缘计算的应用风险。这是因为企业的 IT 部门对这些操作系统缺乏足够的了解，难以通过开发有效的工具和方案来提高其安全性。

为了解决这一问题，IT 部门可以采用两种处理方式：一种是建立能够对新资产进行自动监测的网络，或者与终端用户合作，由终端用户提供必要的信息支持；另一种是与开发这些设备和系统的厂商合作，共同开发面向这些设备和系统的软件产品。

◆ **影子 IT**

影子 IT 是一种将企业对问题的响应从高惯性的 IT 世界中解脱出来的方案。在采用影子 IT 模式的企业里，各部门可以向云服务商租用计算服务。加特纳公司发布的数据显示，影子 IT 的支出占大型企业 IT 支出的30% ~ 40%。大部分影子 IT 被部署在企业边缘端，确保其安全性是提高边缘计算安全性的一项重要工作。

对于边缘计算的安全问题，IT 部门应该有正确的认识，不应该简单地将其视为阻碍企业发展的因素，而应该考虑到解决安全问题对提高企业市场竞争力所产生的积极影响。

企业的 IT 部门可以开发自主保护终端用户安全的工具和解决方案，并为用户推荐合适的安全工具和服务，帮助用户审核工具和服务的有效性。此外，IT 部门还可以为所有系统引入身份管理技术，明确规定企业使用的所有技术都要接入具备安全防护功能的零信任网络。

◆ **与供应商合作**

企业需要建立基于防火墙保护的隔离网络，进行双向身份验证，并对交易数据进行加密，通过各种措施做好边缘设备访问点的安全工作。很多边缘计算服务商可以提供此方面的支持，企业可以与之合作。

将安全放在首位是企业在数字经济时代得以长期生存的重要保障。企业的 IT 部门可以尝试将身份管理、补丁管理、数据加密和零信任网络等纳入边缘计算安全防护和检测项目之中，从而有效提高企业整体的安全性。

◆ **建立零信任网络**

在生产车间，工人为了在规定时间内完成生产任务，会将更多的时间和精力放在提高生产效率上，极少考虑设备和系统是否会遭受黑客攻击等问题。同时，在生产环境中，工作人员为了提高协同性，往往会共享口令、密码等信息，仅有少数人拥有合法授权的 IoT 系统可能会被很多未经授权的工人操控。

要想解决这一问题，一方面要强化硬件和 IoT 设备，对数据进行加密；另一方面要建立零信任网络，其逻辑是假设企业内部和外部的所有设备及用户都不可信，要想得到网络访问权，就必须符合相应的安全标准。在网络出现异常情况时，系统可以进行精准识别并采取有效应对措施。

◆ **建立资产管理系统**

企业 IT 资产并非局限于企业内部，与用户、合作伙伴相关的 IT 资产也应该得到有效保护。如果企业仅重视内部的 IT 资产，那么边缘计算的安全问题将很难得到真正的解决。

鉴于边缘计算部署与运行的复杂性，企业中的非 IT 人员往往也会参与其中，但他们缺乏专业的知识，他们的参与会导致边缘计算的安全风险大幅度增加。非 IT 人员参与边缘计算部署与运维可能带来"信息孤岛"问题，即主管企业安全的 IT 部门等安全机构丧失了对部分设备和网络的可见性。

例如，一家酒店的 IT 部门不知道市场部门为高级客房增配了智能音箱、智能微波炉等智能设备，所以未能为这些设备提供安全保护。在这些设备因遭受黑客攻击而出现故障时，它们不仅无法为客人提供服务，甚至还可能会损坏客人的物品。

从诸多实践案例来看，很多企业的业务部门在部署边缘计算的过程中发挥了重要作用。然而，业务部门的员工往往缺乏安全意识，仅追求工作效率，没有充分认识到保障边缘设备和系统安全的重要性。

为了解决这一问题，企业应该建立资产管理系统，对所有的 IT 资产进行追踪和监测。同时，企业还要制定并完善 IT 资产管理制度。

企业也可以运用设备检测软件来解决这一问题。这种软件具备新增设备和系统自动检测功能，而且能识别主要流量来源。此外，对安全风险进行精准识别和分级也非常关键。例如，一级风险由 IT 部门人员处理；二级风险由非 IT 部门人员处理，但非 IT 部门人员要将处理报告及时提交给 IT 部门。

2.3　玩家图谱：科技巨头争相布局边缘计算

2.3.1　云服务商：亚马逊、谷歌和 BAT

云计算采用中心化模式，需要建立大型数据中心基础设施作为支撑，并需要大量的人力和物力等资源进行运行和维护。而边缘计算则呈分布式架构，采用去中心化模式，在用户端就近提供服务，可以对云中心进行"分流"。

网络服务本地化、分散化对传统云服务商造成了一定的冲击，部署边缘计算可以更好地应对这种冲击。很多云服务商将部署边缘计算视为提升自身市场竞争力的重要举措。

随着数以亿计的设备接入网络，网络节点数量大幅度增加，数据处理需求也随之增加。在这种背景下，云服务商不仅要持续巩固云计算服务，而且要积极部署边缘计算。亚马逊、谷歌、阿里巴巴、腾讯和百度等大型云服务商都采用了这种发展策略。各大云服务商在边缘计算领域的布局如图 2-6 所示。

图 2-6　各大云服务商在边缘计算领域的布局

◆ **亚马逊云服务**

亚马逊云服务（Amazon Web Services，AWS）曾在 2017 年年底推出软件 AWS Greengrass，该软件支持用户将 AWS 拓展至边缘设备，从而使边缘设备具备对数据进行本地化处理的能力。2018 年 4 月，AWS Greengrass 的新版本中引入了机器学习技术，用户可以利用该软件打造专属的无线摄像机 DeepLens，并在边缘端完成数据处理。

◆ **谷歌**

谷歌在 2017 年推出了边缘计算服务 Cloud IoT Core，让企业用户可以在全球范围内更便捷、更安全地接入和管理其终端设备。谷歌在 2018 年 I/O 开发者大会上发布了一款面向家电和其他设备的独立 Android 系统，这为向边缘计算转型奠定了良好的基础。

◆ **阿里云**

2018 年 2 月 22 日，中科院量子信息与量子科技创新研究院和阿里云共同宣布，在超导量子计算方向发布 11 比特的云接入超导量子计算服务。阿里云在 2018 年云栖大会·深圳峰会上宣布战略投入边缘计算技术领域，并推出 IoT 边缘计算产品 Link Edge，已有 16 家芯片公司、52 家设备商和 184 款模组和网关为阿里云的 IoT 操作系统和边缘计算产品提供支持。

◆ **腾讯云**

腾讯云开发的 CDN 边缘计算，充分利用腾讯云平台的资源和技术优势，为客户提供将数据中心下沉至 CDN 边缘节点的开放平台服务。通过 CDN 边缘计算，用户可以在靠近自身的腾讯云 CDN 边缘节点运行代码，实现低时延的终端用户需求实时响应。CDN 边缘计算使传统 CDN 服务从缓存分发延伸至边缘计算，能够有效降低高网络时延，并缓解用户数据中心的网络负载和算力压力。

◆ 百度云

在 2018 年百度云 ABC Inspire 企业智能大会上，百度全面开源智能边缘计算平台 OpenEdge。OpenEdge 充分迎合了工业互联网的应用趋势，将计算能力拓展至用户现场，为用户提供低时延、高效率的消息路由、函数计算和 AI 推断等计算服务。同时，OpenEdge 可以与云端管理套件结合使用，实现"云端管理和应用下发 + 边缘设备运行应用"，为边缘计算场景提供有力的支持。

2.3.2　设备厂商：华为、戴尔、思科和英特尔

将计算转移至边缘设备可以有效地解决高时延造成的用户需求响应速度慢、用户体验不佳、数据被泄露等问题，设备厂商将因此获得更广阔的发展空间。华为、戴尔、思科和英特尔等设备厂商都在积极布局边缘计算，以便在即将来临的边缘计算风口中获利。主要设备厂商在边缘计算领域的布局如图 2-7 所示。

◆ 华为

在 2017 年德国汉诺威工业博览会上，华为与 GE 数字集团联合发布了基于工业云的工业预测性维护解决方案。该方案实现了华为边缘计算物联网（Edge Computing IoT，EC-IoT）方案与通用电气的工业互联网云平台 Predix 的深度融合，使工业设备和云端应用可以进行端到端互联，为实时监测设备运行状态、基于数据分析进行智能决策等提供支持。

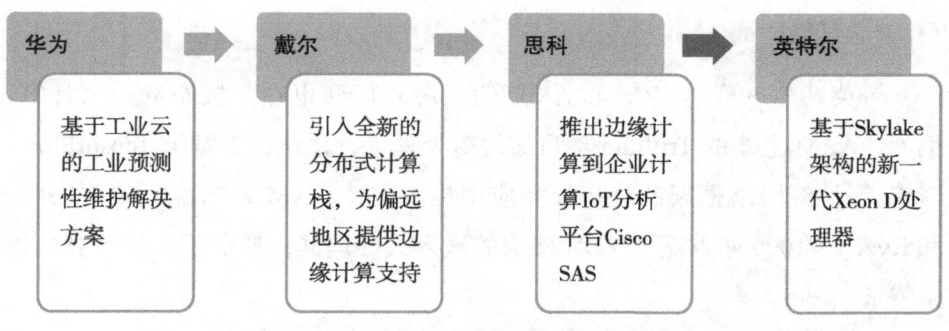

图 2-7 主要设备厂商在边缘计算领域的布局

◆ **戴尔**

戴尔旗下云基础设施和数字办公技术提供商 VMware 在 2018 年世界移动通信大会上宣布引入全新的分布式计算栈，为偏远地区的工业、制造和监控等提供边缘计算支持。同时，VMware 还积极和美国国家科学基金会合作，研发更加实用的边缘计算基础设施落地方案。此外，VMware 还将与网络视频解决方案供应商 Axis 合作，共同开发智能监控边缘解决方案。

◆ **思科**

思科和国际软件巨头 SAS 合作，联合推出边缘计算到企业计算 IoT 分析平台 Cisco SAS，通过流数据分析来帮助客户增强洞察力。该平台由思科验证设计（Cisco Validated Design）提供支持，具有强大的可扩展性。

◆ **英特尔**

英特尔为满足快速增长的边缘计算需求，开发了多款具有超高性价比的芯片产品。例如，2018 年 2 月，英特尔推出了基于 Skylake 架构的新一代 Xeon D 处理器，该处理器主要面向对能耗和时延性等要求较高的边缘计算场景。

◆ **其他厂商**

与英特尔一样，ARM 和 AMD 两大芯片厂商也在积极布局边缘计算。例如，ARM 上线的 Trillium 项目通过对处理进行优化，为基于 TensorFlow、Caffe 等神经网络框架的终端设备应用提供支持；AMD 推出了 EPYC 3000 和 Ryzen V1000 两款基于 ZEN 架构的嵌入式处理器，迎合了边缘计算的场景需求。

2.3.3　CDN 服务商：网宿科技和 Akamai 等

缺乏边缘计算的支持，很多 IoT 应用将很难真正落地。例如，无人驾驶汽车对信息传输、智能决策和精准执行有极高的要求，如果没有边缘计算的支持，那么无人驾驶汽车的驾驶安全性、效率及用户体验等根本无法得到保障。

边缘计算和 CDN 的技术构架非常相似。CDN 采用分布式架构，为不同阶段的差异化数据承载需求提供支持。而在即将到来的、流量呈爆发式增长的 5G 时代，CDN 平台为破解边缘数据和应用分发痛点提供了有效的解决方案，将其升级为边缘计算平台已经成为主流趋势。

边缘计算更靠近应用场景，对本地化服务部署与运维提出了更高的要求，复杂性明显高于传统的云中心，节点数量、带宽资源、稳定性和安全防护等因素都会对边缘计算应用产生直接影响。因此，CDN 服务商在边缘计算领域将获得广阔的发展空间。

在很多 IoT 应用场景中，数据需要在网络边缘端进行计算和管理，服务本地化、产品开发定制化等逐渐成为主流趋势，这将为边缘计算的应用提供广阔的发展空间。从诸多 CDN 服务商的实践案例来看，定制化开发将是影响 CDN 服务商建立核心竞争力的重要因素，这决定了它们能否在巨头纷纷涌入的边缘计算市场中站稳脚跟。

◆ **网宿科技**

国内 CDN 厂商网宿科技有限公司（以下简称"网宿科技"）对 CDN 网络进行了升级，建立了边缘计算网络，并积极建立边缘计算平台，提供 IaaS 和 PaaS 服务。网宿科技将边缘计算上升为核心战略，将 CDN 节点转变为边缘计算节点，使其能够与 IoT 设备开展实时数据交互，为数据存储、实时处理和智能决策等提供支持。

◆ **Akamai**

CDN 厂商已经将边缘计算作为一种推动自身进一步发展的重要手段，力争打破云服务商垄断市场的局面。CDN 巨头 Akamai 在 2013 年便与 IBM 在边缘计算领域开展了深度合作。Akamai 建立了 Akamai 智能边缘平台，该平台将数据从数据中心分发到终端用户，赋予了用户更强的洞察力。目前，Akamai 在全球范围内部署的跨越 1700 多个运营商 ISP 网络的服务器数量达到了 24 万台。

◆ **其他厂商**

国际知名 CDN 厂商 Limelight 推出了增强版 EdgePrism OS 软件，该软件支持用户在边缘端进行本地化的内容输入和交付。CDN 服务商 Cloudflare 推出的 Cloudflare Workers 可以使开发者在边缘端直接部署和执行代码。

2.3.4　科研机构和高校：中国信通院、卡内基梅隆大学和北京邮电大学

随着边缘计算市场规模的不断扩大，边缘计算吸引着国内外科研机构和高校进行布局。国内外科研机构和高校在边缘计算领域的布局如图 2-8 所示。

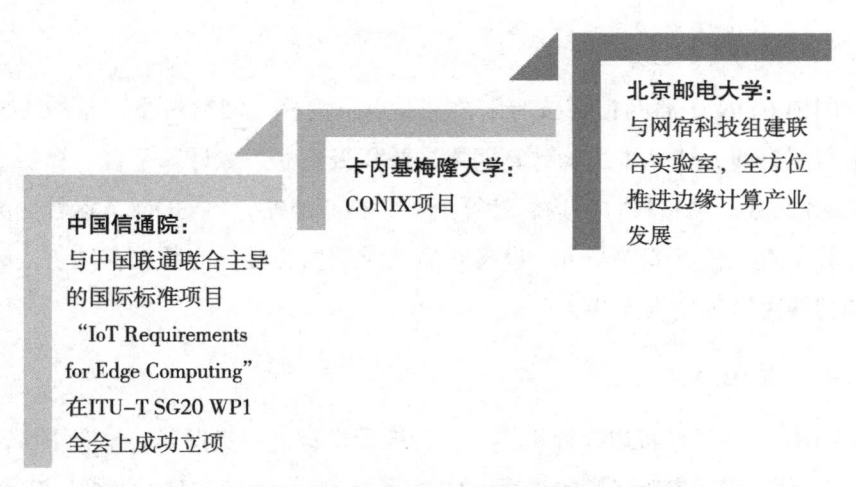

图 2-8　国内外科研机构和高校在边缘计算领域的布局

◆　**中国信通院**

中国信通院是边缘计算产业联盟（Edge Computing Consortium，ECC）的发起者之一，与其他联盟成员在边缘计算技术架构、技术能力和应用场景等方面进行深度合作。2018 年，中国信通院和中国联通联合主导的国际标准项目"IoT Requirements for Edge Computing"在国际电信联盟 IoT 和智慧城市研究组（ITU-T SG20）WP1 全会上成功立项。该项目基于 ITU-T Y.4000 IoT 参考架构，探索 IoT 应用在边缘控制器、边缘云平台和边缘智能网关等方面的落地方案。该项目必将推动与 IoT 相关的网关、平台、终端模组和网络的技术革新。

◆　**卡内基梅隆大学**

2018 年 1 月，卡内基梅隆大学主导了一项名为"CONIX"的项目，该项目预计在未来 5 年将建立边缘设备和云中心之间的网络计算架构，为边缘计算的发展奠定坚实的基础。

◆ 北京邮电大学

北京邮电大学作为国家首批"双一流"（世界一流学科）建设高校，积极地参与推进边缘计算落地应用的研究。2018 年 6 月，北京邮电大学与网宿科技共同组建了国内首家校企合作的边缘计算实验室，即"北京邮电大学—网宿科技边缘计算与网络系统联合实验室"（以下简称"联合实验室"）。联合实验室将以边缘计算技术整合、边缘计算安全研究、人才培养、标准制定和边缘计算应用场景落地等为主攻方向，定期组织召开"政企学研"研讨会，积极邀请国内外专家学者分享边缘计算技术、应用经验等。

联合实验室及学术委员会拥有强大的人才团队，团队成员包括北京邮电大学、北京大学、国家信息技术安全研究中心、中国信息协会和中科院软件所等多个机构的资深专家。

IoT 产业的快速发展对网络和算力提出了更高的要求。IDC 发布的数据显示，预计到 2020 年，将有 50% 的计算发生在边缘设备，云和边相结合将成为主流趋势。在这种背景下，北京邮电大学充分发挥自身的技术优势，借助网宿科技在具体应用方面积累的经验，共同探索边缘计算和产业融合的解决方案，推动科技创新与科研成果转化，拓展边缘计算产业链的广度与深度，培养世界级的复合型人才，为我国边缘计算产业的长期发展注入新动能。

2.3.5　产业联盟：ECC、Edgecross 协会、Avnu 联盟和 ETSI

IoT 包括标识、感知、信息传送、处理及应用等多个环节，仅凭一家企业很难实现对 IoT 诸多环节的全面覆盖。边缘计算被视为 IoT 产业的新风口，面对新的发展机遇，国内外涌现出了多个产业联盟（见图 2-9），它们为加快边缘计算标准落地、产业创新等提供了有力的支持。

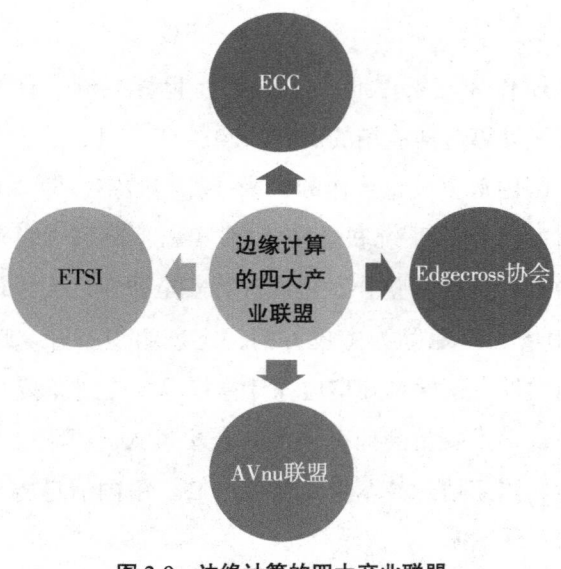

图 2-9　边缘计算的四大产业联盟

◆ ECC

ECC 是由华为、中国信通院、中科院沈阳自动化研究所、英特尔、ARM 和软通动力联合发起组建的联盟。截至 2019 年 2 月，联盟成员企业已经超过 200 家。ECC 致力于推进"政产学研用"各方产业资源合作，推动边缘计算产业健康可持续发展。

2018 年 5 月，ECC 主办了第二届边缘计算技术研讨会，华为等联盟成员分享了边缘计算参考架构、应用场景和工业应用等。联盟理事长于海斌、联盟需求与架构组主席史扬、联盟需求与架构组专家范灵强等人发表了《边缘智能：架构、进展及工业应用》《边缘计算参考架构 2.0 与 ECC 产业推进——分享背后的思考》《边缘计算开发体验云》等报告，这些报告受到了业界的广泛关注。

◆ Edgecross 协会

Edgecross 协会是由欧姆龙、日本电器、日本甲骨文、日本 IBM、三菱电机和研华科技于 2017 年 11 月联合发起成立的产业联盟。Edgecross 协会为成员提供开发套件支持，并为边缘计算平台确定了"建立生产现场 IoT 系统"和"为生产数据匹配 IoT 化的数据标签"两大目标。2018 年，Edgecross 协会发布了开放式平台和应用市场，并推出了基础性边缘计算软件服务。

◆　AVnu 联盟

AVnu 联盟是由思科、博通、三星、赛灵思、英特尔和哈曼国际（Harman International）于 2016 年共同发起成立的产业联盟，致力于将以太网引入新款汽车和专业音视频领域，以提高未来家庭网络标准。2017 年 12 月，AVnu 联盟和 ECC 达成合作，双方将共同推进边缘计算和工业网络的发展应用，在工业互联网实践方案探索、测试床验证和协调产业标准化等方面开展合作。

◆　ETSI

ETSI 是由欧洲共同体委员会（以下简称"欧共体委员会"）于 1988 年批准成立的电信标准化组织，其制定的标准往往被欧共体委员会作为欧洲法规的技术基础。ETSI 积极推动 MEC 的标准化，并在 2014 年给出了定义，即"MEC 为应用程序开发人员和内容提供商提供云计算功能，以及在网络边缘的 IT 服务环境。这种环境的特点是超低时延和高带宽，以及对应用程序可以利用的无线网络信息的实时访问"。

2016 年，ETSI 将移动边缘计算的概念扩展为多接入边缘计算（Multi-access Edge Computing）。MEC 可以为个体和组织提供视频分析、IoT、AR、位置服务、本地内容分发和数据缓存优化等多种服务。

2018 年，ETSI 开展了编程马拉松活动，并发布了白皮书《云 RAN 和 MEC：完美的配对》和《MEC 在 4G 中的部署以及向 5G 的演进》。在白皮书《云 RAN 和 MEC：完美的配对》中，ETSI 描述了将云无线接入网络和多接入边缘计算技术相结合的前景和挑战；在白皮书《MEC 在 4G 中的部署以及向 5G 的演进》中，ETSI 分享了 4G 网络中 MEC 的部署场景，以及

MEC 将如何推动运营商发展 5G 业务。

2.3.6　运营商：中国移动、中国电信、AT&T 和德国电信

随着市场竞争日趋白热化，高性能、低延迟服务已成为移动运营商制胜的法宝。在这种背景下，布局 MEC 成了移动运营商的必然选择。MEC 是 5G 的重要支撑技术，是实现内容向终端设备精准分发、为 AR/VR 移动应用提供云处理、实现无人机实时云控制的关键所在。

◆　**中国移动**

目前，中国移动已经在国内 20 多个城市布局了 MEC 应用试点。与此同时，中国移动还与华为等科技巨头合作。例如，2018 年 1 月，中国移动浙江公司和华为公司达成合作，双方将联合部署基于 MEC 技术的网络，目的是降低网络延迟，优化网络体验，为建立面向未来的智能网络奠定坚实的基础。未来，用户可以享受到中国移动通过移动云、AR、VR、超清视频等技术提供的产品和服务。此外，中国移动还为运营商提供了切入边缘计算领域的主流应用场景，如本地分流、静态网页加速服务、垂直行业服务、第三方应用平滑移植等。

◆　**中国电信**

中国电信提出了 5G MEC 融合架构，并借助现有通用硬件平台，为 MEC 功能和业务应用部署以及用户业务下沉、业务应用本地部署等提供支持。中国电信在多个行业应用场景中进行了探索，例如，为高校、购物中心等提供定位、推送服务，为港口和工厂等提供专属应用、VPN 和业务托管等服务，为游戏运营商和 CDN 服务商等提供边缘存储、内容分发等服务。

◆　**AT&T**

为了完成从传统运营商向云服务商的转变，AT&T 对自身拥有的 6.5 万个基站和 5000 个中心机房进行重构，将其升级为边缘数据中心。目前，

AT&T 已经将边缘计算应用于自动驾驶汽车、智慧城市以及 AR/VR 服务等多个领域。2018 年 2 月，AT&T 在边缘计算实验室中对基于边缘计算技术的 AR/VR 服务进行了测试，在通过边缘计算技术降低 AR/VR 服务延迟方面积累了宝贵的经验。

◆ **德国电信**

作为欧洲最大的电信运营商，德国电信在边缘计算领域投入了大量资源。2018 年 1 月，德国电信组建了新的边缘计算业务部门 MobiledgeX，将边缘计算上升为长期战略。2018 年 2 月，德国电信与美国移动通信铁塔公司合作，在美国建立了边缘计算实验室。目前，德国电信已经将边缘计算应用于增强自动驾驶汽车连接性能、优化 5G 网络和推动行业数字化转型等多个领域。

2.3.7 【案例】浪潮：加入中国移动边缘计算开放实验室

实现万物互联是 IoT 时代的重要标志，所有物体都将在 IoT 的支持下实现智能交互。边缘计算使边缘端具备了数据处理能力，这为物体之间的交互、传感和控制等提供了条件。

边缘计算是 5G 的重要支撑技术，将有力推动产业革新，为企业探索 IoT 应用提供技术工具和解决方案。浪潮集团有限公司（以下简称为"浪潮"）是国内领先的云服务商，也是中国移动边缘计算开放实验室成员之一。该实验室于 2018 年 10 月 30 日成立，致力于推动边缘计算领域的技术研发、产业合作和落地应用等，其他成员包括百度、阿里、腾讯、华为和中兴等行业巨头。

边缘计算是一个万亿级市场，其垂直领域包括芯片、云平台、网络设备和行业应用等。浪潮在大数据、云计算领域拥有丰富的技术和应用经验积累，这使得其在布局边缘计算方面具有领先优势。近年来，浪潮携手中国移动等合作伙伴在以下几个方面布局边缘计算。

（1）硬件体系方面。浪潮针对边缘计算的多元化应用场景，开发了面向移动场景的便携式一体机、面向电信边缘机房的 OTII 服务器以及面向大型边缘场景的一体化机柜等多种产品。

（2）云平台方面。浪潮充分利用自身在通信行业积累的丰富经验和云平台技术，帮助运营商建立边缘计算云平台，并为各个行业的具体应用提供边缘网络、计算和数据等方面的支持。

（3）网关产品方面。浪潮开发了 MEC 本地分流网关产品和 MEC 下沉 GW-UP 解决方案。

（4）行业应用方面。浪潮重视在工业互联网、智慧城市等领域进行技术创新与场景落地，这将为相关行业应用适应边缘计算的多元化场景奠定良好的基础。

中国移动边缘计算开放实验室将建立包括通用硬件、网络接入、基础平台、新型数据中心在内的边缘计算技术体系，在定制和集成基础设施、拓展和创新应用等方面投入大量资源。

目前，中国移动边缘计算开放实验室已经可以提供基础性全栈服务支持，并将智能制造、车联网、智慧城市和直播游戏作为首批布局的重点领域。在中国移动边缘计算开放实验室这一平台的支持下，浪潮将和国内外领先的运营商、设备商和科研机构等进行深度合作，推动边缘计算产业的持续发展，为更多的企业提供边缘端实时智能化处理与执行服务，创造巨大的经济效益和社会效益。

第 **3** 章

智能互联：边缘计算在
物联网中的落地路径

3.1   实现物理世界与数字世界的深度融合

3.1.1   技术赋能：驱动物联网落地

目前，IoT 建设正在全球范围内轰轰烈烈地展开，IoT 致力于实现人、物和信息系统之间的连接，它能在获取数据并对数据进行深度处理的基础上，打破物理世界与数字世界之间的界限，对人类及其所在的物理世界进行更加有效的感知、识别、管理与控制。

IoT 的普遍应用将从各个方面改变人们的日常生活和工作，推动无人驾驶汽车、智能化健康管理等领域实现数字化变革与升级。在 IoT 时代，预防性维护服务将成为众多行业的标配，批量化定制将真正变成现实。在大部分行业中，传统的商业模式都将被颠覆，数字化变革将带来更多的发展机遇。

近年来，在参与新一轮国际竞争的过程中，很多国家都从战略层面推出了众多举措，如美国的"工业互联网"、德国的"工业 4.0"以及我国的"中国制造 2025"。为了提高自身的综合竞争力，越来越多的国家在 IoT 领域展开了布局。

不少企业为了对现有流程进行自动化改造，将 IoT 引入工厂和办公室，实现了对 IoT 的应用。基于边缘计算，机器既能对整个运作流程进行管理，也能执行编程操作，根据具体问题制定相应的解决方案。例如，当传感器感知到不断增加的压力时，就会打开某个阀门，让整个流程在某种自动化操控模式下正常运转。

在各个领域实施数字化变革期间，企业可以通过边缘计算获得智能互联支持，推动变革顺利进行。随着数据处理的不断发展与升级，数据规模越来越庞大，对边缘计算的需求也逐渐增加。IDC 预测，未来网络边缘端将承担50% 的数据储存与计算工作。

◆ 业务实时性

生产控制领域的业务发展有赖于实时的数据传输，为此，需要将传输时延降低至 10 毫秒以内。同理，自动驾驶领域也对实时性提出了较高的要求。传统的云端控制模式时延较高，难以满足这些领域的需求。针对这种情况，必须在网络边缘端进行数据处理并进行控制操作。

◆ 数据适配和聚合性

现阶段，边缘端并未建立统一的通信协议与技术标准，不同的行业所采用的技术标准及协议有所不同，企业在数据获取环节面临很多阻力。要想解决这个问题，必须统一通信协议与技术标准。

IDC 预测，由网关传递的互联网流量在总流量中的占比达 79%。如果把所有流量都发送给数据中心进行处理，那么必然会提高数据中心的宽带成本，增加其计算压力。而且，有些数据本身并不具有价值。以温度异常监测为例，真正有价值的数据是异常数据，而不是全部的温度信息。因此，必须加快建立针对网络边缘端的通信协议与技术标准，以改进数据处理的方式。

◆ 可靠性

可靠性是衡量系统服务质量的重要因素。有相当一部分行业在业务运行过程中不允许出现单点故障。所以，不应将所有的关键操作交由云端完成，本地系统也应该具备自主处理的能力。对制造业的控制系统来说，以边缘端的智能化处理功能以及自制系统的协同运作来代替数据中心进行计算，能够确保生产系统在恶劣条件下也能正常运行。以路灯 IoT 系统为例，当广域网出现问题时，路灯应该能够进行自我控制，为夜间出行的人们提供正常的照明服务。

◆ 安全性

以生产系统为代表的行业系统十分注重网络连接的安全性。在通常情况下，位于传感层与数据平台层中间的网络很容易出现安全问题，但因为总成本受限、可用电能及计算资源有限，传感层无法实现更高效的防护，这时就需要在网络边缘端提高安全防护程度。为此，可以采用数据加密或解密的方式，通过应用厂商为 IoT 配备私有代理，或者用加密隧道实现 IoT 网关和数据中心之间的连接，以降低系统运行的风险。

3.1.2　实践应用：迈向智能互联时代

IoT 的普遍应用，促进了全新的生态环境的建设。通俗地说，IoT 实现了物与物之间的连接，使原本独立的两个物体能够进行信息交互。在连接过程中，有些设备可以实现连接，有些设备则不能进行连接，这就要求设备能够进行有效的区分，边缘计算将使设备具备这种能力。

◆ 边缘计算与云计算共同推动 IoT 应用落地

在推动 IoT 应用落地的过程中，边缘计算与云计算相互配合、互为补充，这具体表现在以下几个方面。

（1）云计算适合处理实时性要求较低、周期较长的数据，可以在决策制定、周期性维护方面集中体现应用价值。

（2）边缘计算适合处理实时性要求较高、周期较短的数据，可以配合云端平台进行计算。云端也能够把新的业务规则传递给边缘端，让边缘端根据要求处理数据，推动业务发展。

近年来，智能手机、附带传感器和可穿戴设备等智能产品大量涌现，网络覆盖范围持续扩大、IoT 技术不断提高，网络系统中的设备数量越来越多，产生的数据量越来越庞大，加重了数据处理的负担。在这种情况下，网络延时、网络拥堵情况时有发生，这使 IoT 在应用过程中面临着巨大的挑战。通过云端直接连接 IoT 的方式已经无法满足行业发展的需求，而边缘计算能够有效提高数据处理的效率，保证数据处理的可靠性，很好地解决当前应用 IoT 的过程中存在的诸多问题。

◆ 边缘计算可以有效提高 IoT 设备的处理效率

在互联网时代，随着产品快速升级，越来越多的信息基础设施完成了云化建设，并广泛开放应用程序编程接口（Application Programming Interface，API）。在 IoT 时代，如果继续通过云端平台进行数据处理，再将结果发送给终端，那么不仅会增加成本，而且会降低计算效率。

有些应用场景对实时性的要求较高。例如，美国在公共场所安装的摄像头数量超过 3000 万个，一周就能产生 50 亿小时的视频信息。如果由云端平台承担所有数据的处理工作，那么既要耗费大量的传输成本，又对存储空间提出了较高的要求。如果由网络边缘端进行数据存储与计算，那么就能在节约成本的同时加速完成数据存储与计算任务。

为了推进某些业务的顺利开展，需要通过网络边缘端对数据进行预处理，完成数据筛选以应对紧急情况。为此，边缘端需要遵循特定的规则实施资源管理。例如，新华三集团的 IoT 网关能以具体的场景为参考，进行数据规则设置，完成数据的预处理，减少对云端资源的消耗。新华三集团打造的工业级网关 IG550 能够通过 Wi-Fi 以及 RJ45、RS485 等接口支持边缘端的数据处理，并兼容 DIDO、VGA、GPS、Zigbee 和 BLE 等接口和协议。

◆ 边缘计算重新定义"云—边—端"的关系

在互联网发展早期，云端平台就已经具备了管理能力，而位于边缘端的终端只能接受云端的管理。边缘计算让终端不仅能进行数据存储与计算，而且能在某些情况下独立运行，实现自我控制。

在由终端代替云端平台进行数据存储，由边缘端进行数据计算并将相关信息反馈给云端的模式下，IoT 平台既要对 IoT 设备进行管理与控制，又要允许边缘端在某些情况下"脱离"管制，自主进行数据反馈。边缘端能够为部分设备提供智能化网关，对设备数据进行处理，提高设备的反应能力。

3.1.3　设备协同：OT 与 IT 深度融合

不同于云端的数据中心，边缘计算距离终端较近，能够加快完成数据的传输与计算。随着 IoT 应用的普及，IoT 设备对边缘计算的需求日益增加。无论是工业设备网关还是安防摄像头，不同设备之间的交互与协作都有赖于边缘计算的支持。

例如，车载终端、波音飞机、联网电梯和工厂流水线等都对实时数据传输存在需求，这些设备在运转过程中都会应用边缘计算。边缘计算为这些设备提供了预测性维护、安全保障等服务，提升了用户体验，促进了设备的智能化改造。

德国的"工业 4.0"、美国的"工业互联网"和我国的"中国制造 2025"都致力于实现信息技术（Information Technology，IT）与运营技术（Operational Technology，OT）的共同发展。边缘计算能够提高数据处理的效率，实现数据筛选，从而满足工业企业在实时性、海量连接等方面的需求。此外，边缘计算的应用还能提高设备运转的安全性，在具体应用中还能实现人、机器和设备之间的连接，加快整个系统的运转速度。

在工业生产中，边缘计算融合了信息通信技术与自动化控制技术，实现了智能化制造。例如，以通用电气、西门子和施耐德为代表的实力型企业都对制造设备进行了智能化升级，加速了生产系统的运转。在生产环节，移动设备的运行状态实时发生变化，只有根据具体场景改变其网络性能，才能保证设备的正常运转，这时就要应用信息通信技术。在应用过程中，企业要发挥边缘网络与运维技术的协同作用，真正促进 IoT 应用的落地。

应用边缘计算不仅能提高通用计算能力，而且能推动众多垂直领域的发展，切实促进 IoT 应用的落地。此前，工业流程控制已经引入了边缘计算。此外，边缘计算还能广泛应用于智慧家庭、智慧城市和智慧医疗等多个领域。

边缘计算在智慧领域的具体应用场景包括超市无人结账应用、家用路由器升级、城市安装无线接入装置等。为了实现这些应用的落地，除了边缘智能，云端也要提供相应的支持。

在医疗领域，边缘端智能网关能够将医疗数据分为紧耦合连接的 IoT 数据与松耦合连接的 IoT 数据，在完成数据筛选后，对前者进行打包与传输。例如，新华三集团的绿洲平台能够实现公有云与私有云的协同运作。其中，本地私有云不仅能够根据业务发展需求完成数据的存储与计算，而且能对边缘网关运行情况进行实时分析并提供管理服务。即便公网连接发生故障，系统也能保持本地化的正常运转。目前，遍布大街小巷的共享单车也引入了边缘计算。针对共享单车开锁时间长、数据安全性低、定位不精确等问题，新华三集团积极打造 Lora 无线网，通过将 Lora 无线网与通用分组无线服务技术相结合，再搭配绿洲平台私有云服务提供解决方案，进一步提升了用户体验。

3.1.4　边缘计算与物联网相融合的解决方案

IoT 致力于实现人、机器和设备之间的连接，但云端与终端之间的数据传输存在一些问题，而边缘计算则能有效地解决这些问题。边缘计算通过在距离终端较近的网络边缘端进行数据存储与计算，克服了因无法完全实现终端与云端的数据传输而产生的阻力，能够与云计算发挥协同作用。

在 IoT 的推动下，边缘计算引起了各界的广泛关注，阿里巴巴、英特尔和华为等行业巨头纷纷布局。那么，如何理解边缘计算？边缘计算和 IoT 之间有何关系？

边缘计算是指在网络边缘端构建的开放平台，该平台集数据存储和处理、网络服务提供及场景应用功能于一体。它能够改变传统模式下由云端进行所有数据处理的模式，通过边缘设备完成计算。边缘计算应用于 IoT 的四个层次，具体如图 3-1 所示。

（1）传感控制层。以设备开关为代表的控制部件、以电表为代表的测量部件和许多传感器及通信部件都集中分布在传感控制层。其中，既包括独立运转的通信部件，也包括协同运转的通信部件。

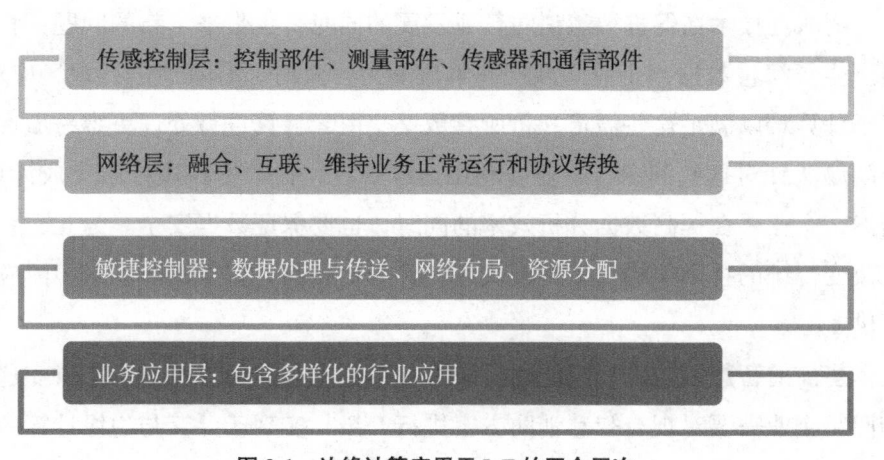

图 3-1　边缘计算应用于 IoT 的四个层次

（2）网络层。网络层负责融合与互联。在进行网络连接与实施管理的同时，网络层还通过边缘计算服务于业务，维持其在本地的正常运转。特别是与民用大型设施和工业运作相关的应用，必须具备这些能力。另外，网络层还负责进行协议转换。IoT 运行过程涉及大量协议，不同行业在发展过程中都会形成各自的协议，这时要通过网关实现协议转换，再利用网关完成数据发送。

（3）敏捷控制器。经由网关发送的数据经过敏捷控制器的处理之后，再传送给业务应用层。此外，敏捷控制器还负责管理计算资源、控制部件、传感器和测量器等，并以智能化的方式进行网络布局与资源分配。

（4）业务应用层。业务应用层包含了多样化的行业应用。由于宽带支持力度不足或投入较少，部分行业应用需要对流量资源进行预处理才能将其发送给云端。要想实现这一点，就要通过边缘计算平台进行数据存储、计算与应用，并让其发挥连接作用。这个开放平台应位于靠近数据源或设备的地方。基于此方面的考虑，通常将边缘计算能力赋予 IoT 网关，如华为推出的AR 系列敏捷 IoT 网关。

3.1.5 【案例】力安科技：物联网时代的智慧消防

物联网技术在促进智慧消防行业发展的同时，也带来了新的问题：物联网产生了海量数据，企业必须提高响应能力，及时、有效地进行现场应对，但云计算难以满足这些需求；将所有数据交由云计算进行处理更容易出现安全问题。针对这些问题，企业应利用边缘计算，让数据在边缘端完成计算。当然，企业要在提高数据分析效率的同时，也要保证数据安全。为此，企业要改变传统的技术架构，进行模式创新，为物联网在智慧消防场景中的应用提供支撑。

当前的智慧消防方案只能通过云端完成数据存储与计算。为了改变这种局面，企业需要对现有智慧消防方案进行升级，实现云计算与边缘计算的结合应用。

力安科技有限公司（以下简称"力安科技"）利用物联网云平台与边缘计算网关，为智慧消防物联网系统"安消云"提供平台支持，通过边缘端的数据处理来提高系统整体的运转速度与响应能力，解决了因标准不统一导致的"技术孤岛"问题。在此基础上，力安科技聚焦于特定的场景，利用先进的技术促进平台发展。

以力安科技打造的"智能消防云平台"为例，该平台由实时消防水监控系统、消防设施巡检管理系统、电气火灾监控系统、火灾报警系统、数字语音系统、移动 App 监管系统、Web 监管系统、地理综合信息显示系统和视频信息联动系统九大系统构成，可以有效解决因标准不统一产生的"技术孤岛"问题，支持边缘智能、实时响应。

消防安全关乎人民的生命与财产安全，这是一个非常重要的领域，但该领域在发展过程中始终存在很多问题。例如，相关部门要同时管理多家消防单位，及早发布预警信息，及时解决问题，有时还要进行预测性分析，防止问题产生。

在升级智慧消防方案的过程中，力安科技为云端、边缘网关和设备的运行提供了技术上的支持，构建了集云计算与边缘计算于一体的 IoT 平台，为该平台在其他场景中的应用奠定了良好的技术基础。

力安科技经过长时间的探索发现，云计算与边缘计算的集成化应用能够解决行业发展过程中出现的许多问题，在更多的场景中体现其应用价值。那么，云计算与边缘计算是如何发挥协同效应的？具体可以从以下三个方面入手。

（1）把云端的存储、计算和网络功能迁移到边缘端。

（2）云端负责管理，边缘端支持业务应用。

（3）云端利用机器学习形成针对边缘端的业务规则，将构建完成的规则传递给边缘端进行本地化操作。

未来，力安科技将进一步拓展智能城市数据融合、智慧消防的应用场景，推动 5G、IoT、大数据、云计算、边缘计算和 AI 等技术在消防领域的落地应用，加快完善高清视频实时监控、AR 远程精细化控制、无人消防设备巡更等智慧消防解决方案，深化和主管部门、技术厂商等在消防管理数字化、消防安防一体化、消防物联网等领域的交流合作，为广大创业者和企业探索"5G+ 智慧消防"提供借鉴经验。

毋庸置疑，推进智慧消防系统建设可以为安全预警、救援管理等工作提供实时、全面、精准的数据支持，支撑建立覆盖全国的 IoT 消防远程监控系统，从而提高学校、医院、车站、住宅区、银行等重点区域的消防安全管理水平，加快推进现代科技与消防的深度融合，全面提高消防科技化、信息化、智能化水平。

3.2　边缘设备：引领工业数字化转型升级

3.2.1　边缘设备：物联网真正落地的核心

边缘设备处于外围 IoT 设备与云端复杂的 IoT 软件之间。随着 IoT 需求的增加，边缘设备在解决大规模 IoT 系统所面临的挑战方面将发挥越来越重要的作用。

IoT 边缘设备的基础作用就是将 IoT 终端设备与远程站点连接在一起，其连接方式与电信有线中心连接电话、工业输入输出控制器连接工厂自动化设备、Wi-Fi 路由器连接家用计算机的方式有很大的不同。

因为边缘设备支持各种无线技术与协议，所以 IoT 设备的设计得以简化，开发者可以将更多的精力放在 IoT 系统应用设计方面，无需在无线连接技术方面耗费太多资源。除了基本的互连功能，边缘设备还具备其他功能。

成百上千的无线传感器节点产生了巨大的数据流效应，这对 IoT 的发展产生了巨大的推动作用，但部署与维护这些节点时面临着很大的困难。边缘设备为解决这一问题提供了有效的解决方案：通过提供本地主机对设备进行初始化调试，将其接入 IoT，之后通过无线的方式进行设备更新。

如果设备在运行过程中与云端服务器的连接中断，那么边缘设备可以为其提供本地服务，保证系统正常运行。如果某些操作对时延的要求较高，那么边缘设备还能为其提供本地处理服务，解决云端访问带来的额外延迟问题，满足其对低时延的要求。

边缘设备还能为从终端到云端所有设备的安全提供强有力的保障。在划分传感器节点的子网时，边缘设备会对那些拓扑较少的网络进行保护，防止黑客的攻击。通过采取隔离措施，边缘设备可以更好地保证终端设备的安全，防御恶意攻击。

对开发者来说，边缘设备为其提供了一种可以更好地满足 IoT 新需求（如隐私需求）的工具。如何保护用户隐私是一个备受监管部门与用户关心的问题。2018 年，欧盟《通用数据保护条例》正式生效，不仅欧盟范围内的企业需要遵守该条例，处理欧盟范围内居民数据的企业及其他组织也要遵守该条例。

因此，IoT 系统设计会添加"默认隐私"等概念，或者引入"数据最小化"等隐私技术，这些都需要边缘设备的支持。同时，数据传送到云端时受到的限制越来越多。为此，IoT 解决方案需要在边缘设备中集成应用一些数据密集型算法，如匿名机器学习、高级模式匹配等。

为了满足多元化的需求，边缘设备要以硬件设备为基础创建主机平台与实时系统，并引入应用处理器与微控制器。随着 IoT 从云端向边缘端延伸，这些设备将凭借强大的性能与专业的处理功能为一些比较复杂的算法提供支持，如隐私保护、数据分析涉及的算法。

3.2.2　应用场景：扩展物联网的有效策略

边缘计算利用 IoT 设备的处理能力对数据源进行聚合、过滤、预处理，使数字工具的能力不断增强，将边缘计算与云计算结合在一起进行复杂的分析，为企业决策、行动提供有力支持。虽然企业刚开始关注边缘计算，但边缘计算对 IoT 的增强作用已经显现出来，具体体现在图 3-2 所示的三个方面。

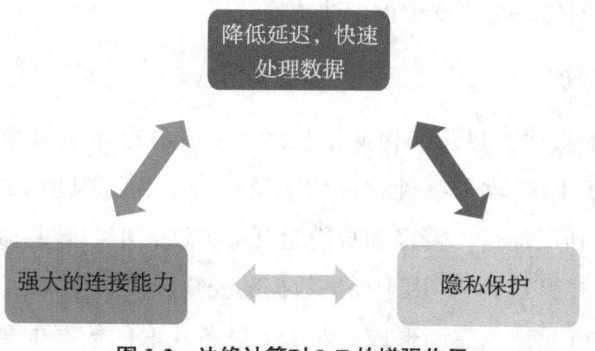

图 3-2　边缘计算对 IoT 的增强作用

◆ **降低延迟，快速处理数据**

随着云计算与 IoT 实现深度融合，IoT 传感器与设备的接入量已经超过了手机的接入量。在复杂算法的支持下，IoT 语音识别、人脸识别和机器学习等应用将实现快速发展。

IoT 设备产生的数据上传到云端，经过云端处理之后再返回，此过程中一定会出现网络延迟。引入边缘计算后，IoT 设备产生的 45% 的数据都可以在网络边缘端进行处理、存储与分析。边缘计算可以通过对各个应用程序的处理需求进行调整来打破 IoT 的发展困境，满足 IoT 设备对低延迟的要求。

◆ **强大的连接能力**

边缘计算切实提高了 IoT 的连接能力，给用户带来了诸多好处，以云端之间的互动为基本功能可降低数据传输要求，减少连接成本与费用。在边缘计算的支持下，即便接入的 IoT 设备减少，需要接入网络的应用程序也不会受此影响。随着接入的 IoT 设备越来越多，边缘计算的应用将对网络及云需求产生巨大的影响。

例如，开源软件项目 EdgeX Foundry 为边缘计算建立了一个通用框架。为了使该项目成功落地，戴尔为其提供了 10 多个微服务器和 155 000 多行源代码。EdgeX Foundry 项目成功之后，可为用户提供即插即用组件，这些组件可以为 IoT 创建一个更安全的解决方案。

◆ **隐私保护**

《威胁情报报告》显示，快速增长的 IoT 设备存在很多漏洞。2016 年发生的 Mirai 僵尸网络攻击事件就证明了这一点。为了保护 IoT 设备的安全，有些企业尝试利用加密、警报和身份验证等方法，但收效甚微。在这种情况下，边缘计算被引入 IoT，用于保护数据的安全。

随着 IoT 行业规范逐渐形成，对 IoT 设备获取的数据也要进行保护。引入边缘计算后，处理摄像机、麦克风等设备产生的数据时减少了对云的依赖，仅使用设备组件就能完成处理。或者，在需要云进行处理时，边缘计算可以在本地对数据进行预处理，然后再将数据传输到云端，切实保证数据的安全。

边缘计算不仅能对单个 IoT 设备或传感器上的数据进行存储与处理，而且能通过边缘网关、边缘设备、边缘传感器、操作器和云端同步对数据进行处理。即便没有电源，边缘传感器与操作器也能正常运行，它们虽没有独立的操作系统，但可以赋予边缘设备、边缘网关连接 IoT 与云端的功能。

　　边缘设备一般是可以运行 iOS、Linux 和 Android 等操作系统的设备，需要接通电源才能运行。它们可以在工业现场执行边缘计算任务，对数据进行处理，或者在边缘网关的帮助下进行计算。边缘网关和边缘设备都有自己的操作系统，但相较于边缘设备，边缘网关的处理能力和存储能力更强，可以在将数据传送到云端之前对数据进行处理和分析。

3.2.3　智能工业：推动工业物联网建设

　　近年来，在工业物联网（Industrial Internet of Things，IIoT）发展的过程中，边缘计算吸引了越来越多厂商的关注。在过去的工业物联网中，IT 端承担着所有的数据分析、数据挖掘和数据决策的任务，设备端只要做好数据收集即可。所以，过去工业物联网的构建对设备端的要求并不高。但是，很多工业设备都要求对数据进行实时处理与分析，降低延迟。但因为网络带宽资源有限，数据传输速度较慢，所以实时处理数据的需求无法得到满足。

　　引入边缘计算后，数据处理与分析可以利用网络边缘端的资源分层进行。以流水线生产活动为例，生产流水线可以对各项设备产生的数据进行过滤，在数据传输的边缘节点对数据进行分析，然后将更复杂的计算任务上传到云端执行。边缘节点可以通过分担云计算的部分任务，使数据中心的计算能力得以提升。

　　随着业务流程不断优化、业务不断创新以及运维实现高度自动化，业务将向智能化的方向发展，边缘智能可以切实提高效率，降低成本。其实，在基于可编程逻辑控制器（Programmable Logic Controller，PLC）、分布式控制系统（Distributed Control System，DCS）、工控机和工业网络的控制系统中，位于底层的、嵌入设备的资源有很多属于边缘计算资源。因此，对工业自动化行业的从业者来说，边缘计算并不是新生事物。

　　需要注意的是，不是只有传统的控制器或网关可以在 IIoT 中应用，只要设备可以收集边缘数据，具备智能运算能力、可操作的决策反馈能力，就能应用于 IIoT。具体来看，边缘设备应具备图 3-3 所示的三种能力。

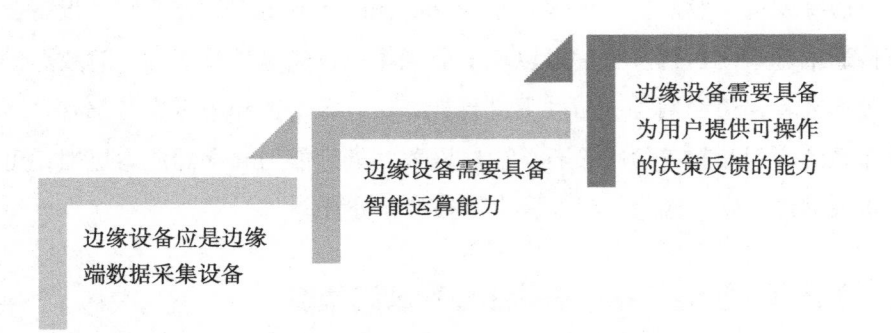

边缘设备需要具备
为用户提供可操作
的决策反馈的能力

边缘设备需要具备
智能运算能力

边缘设备应是边缘
端数据采集设备

图 3-3　边缘设备应具备的三种能力

（1）边缘设备应是边缘端数据采集设备。对边缘计算来说，数据采集是基础，从工业设备到消费电子产品的所有设备都具备数据采集功能，都可以作为数据来源。

（2）边缘设备需要具备智能运算能力，尤其要具备能够跨越边缘端与云端的智能运算能力。对于工业设备来说，IIoT 的价值巨大，其价值主要体现在它可以根据收集到的数据对设备的实际运行情况做出精准分析，通过预测性维护降低非预期停机给企业造成的经济损失。由于各领域之间存在异构性，所以很难形成一套适用于所有工业设备的分析算法。因此，机器学习就成了最佳的解决方案，良好的运算性能和较强的数据管理能力也就成了边缘计算设备必备的能力。

（3）边缘设备需要具备为用户提供可操作的决策反馈的能力。用户在获得决策反馈之后，由操作器或设备直接完成决策过程。这就要求边缘设备要能够与决策执行系统建立连接。

边缘计算在靠近数据源的近端设备对数据进行处理，可以减轻云平台的负担。其最大的特点是时效性更强、效率更高、延迟更低。随着接入 IoT 的设备越来越多，采用边缘计算的工业应用的数量将大幅度增长。

目前，很多供应商开始尝试使用软件解决方案进行边缘计算。例如，诺基亚创建了针对 MEC 的软件解决方案，目的是赋予基站站点边缘计算能力；思科的 IOX 平台为其集成的服务路由器提供了边缘计算环境。

这些解决方案需要特定硬件的支撑，不适合在异构环境中应用。应用软件解决方案时面临的一大问题就是需要开发跨越不同环境的、可移植的解决方案。目前，部分企业正在研究如何对边缘节点进行升级，以满足通用计算的需求。例如，对家庭无线路由器进行升级，以满足额外计算任务的需求。英特尔的 Smart Cell Platform 为了支持额外的计算任务，引入了虚拟化技术。当然，还有一种解决方案，那就是将通用 CPU 替换为专用 DSP，但实现这一方案需要投入巨额资金。

3.2.4　产业格局：构建物联网生态系统

在 IoT 时代，边缘计算为企业提供了数据产生端及应用边缘端所需要的计算能力。现阶段，无人驾驶汽车、电动汽车等都采用了 IoT 技术。未来，所有汽车都将接入 IoT，驾驶员与乘客将享受到 IoT 提供的多元化的应用。在此过程中，这些联网设备每秒将产生海量数据，如果将这些数据全部上传到云中心进行处理，然后再发回设备端，那么整个过程非常耗时，根本做不到数据的实时处理与计算。

在 IoT 的应用场景中，这些实时数据需要在数据产生端或应用边缘端进行预处理，边缘计算的概念也由此诞生。由此可见，边缘计算与 IoT 的关系十分密切。

以制造业为例，制造业企业借助边缘计算可以解决某一具体场景中的问题，如在线质量监测、设备维护。未来，市场中将出现一系列新型的商业模式，如智慧城市、智能制造、智能工厂和智能零售，这些商业模式在应用 IoT 的过程中需要收集数据，然后对数据进行处理，将其上传到边缘端计算设备与网关设备中。这些设备或相应的解决方案与分布式数据库相配合，辅以分布式的数据处理，由此形成了完整的边缘计算体系。这个边缘计算体系不是独立存在的，它会从数据与应用层面与云计算进行很多互动。

目前，各国的 IoT 应用都刚刚起步，整个 IoT 生态，或者说边缘计算的生态系统非常复杂，市场格局尚未形成。在这种环境下，企业应立足于自身的优势进入 IoT 市场。例如，华为、联想等企业选择了自己擅长的计算设备。在目前的 IoT 市场中，各企业之间既有竞争也有合作。

目前，大多数企业对于边缘计算的理解还不够透彻。在转型升级的大背景下，企业需要利用新技术实现自身的商业价值。过去，这些新技术指云计算和大数据；现在，这些新技术主要指 IoT 和 AI。

对 IoT 来说，最大的挑战莫过于构建一套完整的生态系统，为企业解决实际业务问题提供有效的方案。任何一种设备单独在企业应用都不会产生很大的价值，包括传感器、计算设备与网络。

可喜的是，国内已经成立了一些 IoT 联盟。从整体来看，这些组织依然在探索如何构建 IoT 生态系统，还在研究如何利用 IoT、边缘计算创造更多的商业价值。

3.2.5 【案例】微软：从操作系统到智能边缘

2018 年 5 月，微软公司在微软开发者大会上发布了一系列新的边缘计算工具，并展示了很多与物联网及边缘计算相关的工具和技术。

在 2017 年的微软开发者大会上，微软官方就和与会者对"智能云 / 智能边缘"策略中的边缘计算业务进行了探讨。在微软看来，边缘计算就是用户与云交互的一切事物，任何设备都可以作为边缘计算设备，如无人机、计算机和服务器。在 2018 年的微软开发者大会上，微软公司展示了其在边缘计算领域的研究成果，并表示公司正在开源 Azure IoT Edge Runtime，为客户修改、调试提供方便。

Azure IoT Edge Runtime 是一种云服务，其作用是让用户利用网络边缘的传感器和计算机对数据进行收集与处理，无需将数据发送到 CPU。Azure IoT Edge Runtime 依附于每个 IoT 边缘设备上的软件，用于对每个设备上的模块进行管理与部署。

　　此外，Azure IoT Edge Runtime 还能运行微软的定制视觉认知服务，即便不与云端相连，边缘设备也能运行与视觉有关的功能。在 2018 年的微软开发者大会上，微软发布了第一批可以在边缘设备上使用的认知服务。未来，微软将推出更多的认知服务。

　　目前，微软已与深圳市大疆创新科技有限公司（以下简称"大疆"）建立了合作关系，并为使用 Windows 10 操作系统的计算机提供软件开发工具包。借助该工具包，用户可以将所有飞行控制数据、实时数据传送到搭载了 Windows 10 系统的设备上。未来，微软还将与大疆合作开发应用于 Azure IoT Edge Runtime 和人工智能服务 Microsoft AI 的其他功能，以满足更多垂直领域（包括农业、建筑业和公共安全等）的用户的更多需求。

　　微软还与高通达成了合作，致力于创建可以运行 Azure IoT Edge Runtime 的可视化 AI 开发人员工具包。该工具包的作用是为 IoT 产品的开发提供软硬件支持，让开发人员可以利用 Azure 机器学习服务开发新产品，利用高通的 Qualcom Vision 智能平台及 Qualcomm AI Engine 为硬件加速。借助这些产品，用户不仅可以从云端下载服务，而且可以在边缘设备上进行本地运行。

　　微软还面向车载助理、家庭助理、智能扬声器及其他语音设备推出了语音设备软件开发套件，利用多声道音源的音频处理功能对语音进行精准识别，进行远场语音辨识，消除噪声等。此外，微软还推出了 Project Kinect for Azure，这是一个包含微软新一代深度摄像头的传感器套件，它可以在边缘环境中进行 AI 计算，帮助开发者利用环境智能创造更多、更精彩的应用场景。

　　在智能边缘，个人计算机是非常重要的组成部分。开发者必须了解个人计算机的智能优势，以及个人计算机对消费者的意义。对于微软这种以企业为中心的公司来说，这一点颇具挑战性。微软一直以来与最终消费者的距离都比较远，在消费者无法触及的领域宣传边缘的优势，推出边缘计算解决方案对微软来说并非易事。

　　为了解决这个问题，微软与高通、英特尔和个人计算机制造商合作，共同研发支持 5G、新处理器的技术与设备。在 2019 年上半年举办的国际消费者电子展上，联想、惠普等企业就展示了可以"永远连接到边缘"的个人计算机。

惠普和联想推出的新款笔记本电脑的核心优势就是可以满足用户对电量的需求，体现了用户对现代计算机的期望。在高通等企业推出蜂窝网络连接推动 LTE[①] 和 5G 创新的同时，个人计算机制造商也在不断地创新，推出更轻薄、电池效率更高、用户体验更好的设备，为边缘智能的发展提供源源不断的动力。

---

① 长期演进（Long Term Evolution，LTE）是由 3GPP 组织制定的通用移动通信系统（Universal Mobile Telecommunications System，UMTS）技术标准的长期演进，基于旧有的 GSM/EDGE 和 UMTS/HSPA 网络技术，是 GSM/UMTS 标准的升级。

第4章

边缘人工智能：重新定义边缘计算的应用价值

4.1 边缘人工智能：人工智能驱动万物互联

4.1.1 基于边缘人工智能的万物互联时代

清脆的鸟鸣声让你从甜美的睡梦中醒来，恍惚间，你以为家中的窗台上站着一只美丽的鸟儿，但你又清楚地知道自己没有养鸟，那么，鸟鸣声来自何处？

你完全清醒过来之后才意识到，这是智能家居助手按照预设的闹钟时间播放的音乐。此时，你禁不住笑出声来，起身关掉闹钟并穿衣起床。这时，智能家居助手会自动为你拉开窗帘，让晨曦的阳光照到你的脸上，还会启动厨房的电饭锅与豆浆机，让你在起床收拾完毕之后就能吃上热乎乎的早餐。

下班后，你乘坐自动驾驶汽车到达家门口。下车后，采用智能识别技术的房门会自动为你开锁。在此之前，室内空调已经"获知"你即将到家的消息，按照你的个人习惯对室内温度进行了调节。如果当天的气候比较干燥，加湿器也会提前启动，让室内的湿度保持最理想的状态。

上述生活场景，在边缘计算与 AI 的支撑下是完全可以实现的。

近年来，快速发展的 IoT 与 4G 的广泛应用，再加上 5G 的出现，使万物互联不再只停留在概念层面上。万物互联不仅能够实现物与物之间的连接，而且能实现人与物之间的连接。在万物互联时代，所有事物都能够对周边环境进行感知与数据获取，并且能够进行数据分析。上文中的场景就是万物互联在日常生活中的体现。

总体而言，万物互联以连接为基础。已经普及的智能手机使人与人之间的连接突破了时空限制。最早，人们通过电报相互传递信息，之后开始使用电话、短信相互传递信息。在此过程中，人与人之间的连接方式从单一走向了多元化。

在万物互联时代，除了计算机、手机能够联网，空调、冰箱、加湿器、电视机乃至商品存储货架、集装箱等也能够联网。当然，动物也能够联网。动物自然保护区中的稀有动物联网后，科学家可以随时获取它们的生命体征，为其提供有效的保护。

当物与物、人与物之间都能够进行连接时，网络边缘设备将不断增多。在这种情况下，传统的集中式大数据处理模式将难以完成所有的数据处理任务。

首先，规模庞大的数据会加重网络传输的负担，降低数据传输的效率。其次，不少源于网络边缘设备的数据涉及用户隐私，如果把所有数据都发送到云端平台处理，就无法保证数据的安全性，可能导致用户隐私信息被泄露。最后，有相当一部分网络边缘设备的运行受电能条件的影响，而将数据发送到云端平台需要足够的电能的支持。

出于对上述几个因素的考虑，如果能在接近数据源头的边缘端进行数据处理，就能解决传统模式下存在的诸多问题，边缘计算恰好能满足这一需求。边缘计算更具针对性，能够对实时获取的数据进行快速有效的处理，以智能化的方式服务于本地业务。边缘计算利用本地网络进行数据分析，无需通过云端平台就能完成数据处理，或者由边缘端进行数据加工之后再把部分数据发送到云端。这将提高数据传输效率，降低成本，同时降低边缘设备的能耗。

4.1.2　人工智能重新定义边缘计算的应用场景

尽管边缘计算的应用场景多种多样，但从根本上来说，其与 IoT 之间存在密切的联系。智能手机与自动驾驶汽车就是典型的例子。很多企业（如通用电气公司的数字业务部门）都在相关领域展开了布局，依托 IoT 进行边缘计算的研发与应用。与此同时，智能城市的建设与发展也有赖于 IoT 与 AI 的应用和支撑。以智慧杭州为例，该项目的很多具体场景都引入了边缘计算。

在实际应用过程中，边缘计算能在很多场景中发挥作用，其应用价值在工业领域的诸多方面已经得到了充分体现：

- 设备问题预测及维护；
- 能效控制与管理；
- 智能制造，根据生产需求进行模式定制；
- 设备调度与更换，及时进行流程调整与模型创建；
- 设备的间接性连接。

AI 在边缘计算领域的典型应用场景包括图 4-1 所示的三种。

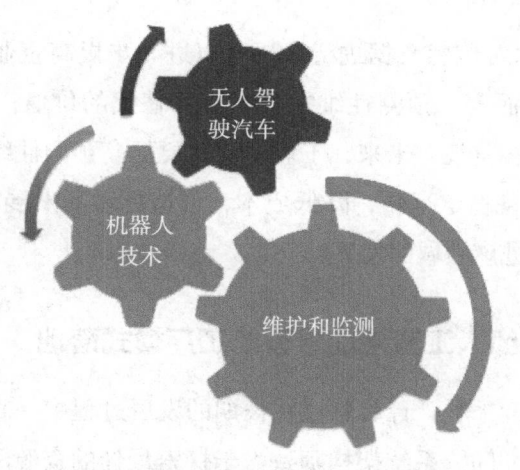

图 4-1　AI 在边缘计算领域的三种应用场景

◆ **无人驾驶汽车**

无人驾驶汽车具有广阔的发展前景。无人驾驶汽车生态体系涵盖了硬件制造企业、软件开发企业、汽车制造企业和传感器制造企业等。为了提高车辆的自动驾驶能力，这些企业致力于实现专业知识、多元技术的综合应用，通过应用程序和算法对传感器采集到的数据进行处理。在具体的实施过程中，为了提高车辆的决策能力，使其能够应对紧急情况，必须提高 AI 算法的数据处理能力，边缘计算则能在这个环节发挥重要作用。

◆ **机器人技术**

机器人技术由机器人和软件自动化两个板块构成。在这里主要分析前一个板块。

为了保持机器人的高效运转，既要让机器人具备能够负载重物和可移动的功能，还要赋予其语音识别、机器视觉和决策算法等功能。要想实现机器人应用的落地，就必须提高机器人对人类生活和工作环境的适应能力，并且让机器人为人类工作者提供安全保护。

◆ **维护和监测**

采用 AI 技术对传感数据进行分析可以进一步提高企业的维护和监测能力。对航空公司而言，预测性维护具有不可替代的价值，这项服务也得到了航空公司的足够重视。未来，工业企业需要提高预测性维护能力，优化流程，保持机械设备稳定运转，降低成本，创造更多的发展机遇。边缘 AI 的应用能够有效促进该领域的发展。

4.1.3 边缘人工智能助推智能工厂模式落地

从广义的角度来看，计算领域在长期的发展过程中一直在寻找更优化的系统架构。在此期间，系统架构师致力于探索最佳的资源配置方式，将计算资源配置在分布式系统，将处理资源配置在终端。

在传统模式下，为了提高数据存储和计算的能力，满足用户的更多需求，系统多采用集中式架构。自 20 世纪 80 年代开始，个人计算机与局域网诞生，系统可以接入网络，将计算任务交给个人计算机完成。

随着笔记本电脑、平板电脑与智能手机的普遍应用，计算需求不断增加，移动架构模型逐渐代替了传统的集中式模型，计算需求不断增加。在此情况下，系统架构师将需要计算的数据发送给云端，依托云平台的强大计算能力和存储资源进行数据分析与存储。系统架构师开始以云为中心打造集中化路径。

事实上，有些应用程序无需通过云端就能保持正常运转。当位于边缘端的应用程序实现了智能升级后，为了适应不断变化的环境，这些应用必须提高自身的反应能力。例如，智能家居的安全系统识别出室内有移动物体时，必须迅速判断该移动物体是外来人员还是主人饲养的宠物。

在很多应用场景中，智能设备本身需要具备一定的计算能力。利用基于 AI 的语音识别或其他技术，智能设备可以对外界环境做出及时有效的反应，体现自身的应用价值。另外，依靠机器学习技术，智能设备还能在海量数据的支持下开展持续性学习，不断提高自身的能力。

与 AI 结合的边缘计算拥有广阔的发展前景。无论是在消费级应用场景中，还是在工业级应用场景中，AI 和边缘计算都能发挥重要作用。例如，应用相关技术的智能电视机能在用户走出客厅后自动关闭，工厂可以利用相关技术打造智能工厂等。

未来，AI 与边缘计算的结合应用将有效推动智能工厂的建设与发展，进而带动整个工业领域的发展。新一代智能工厂为了加速系统运转、提高生产效率，引入了机器人技术与机器学习技术。

第一次工业革命用蒸汽动力机械促进了制造业的发展，第二次工业革命发挥了电力大规模生产技术对制造业发展的推动作用。近年来兴起的"工业 4.0"利用信息物理系统（Cyber-Physical Systems，CPS）对智能工厂的各个环节进行管理，同时依靠 AI 制定决策。制造业将采用大数据、IoT 和 AI 等技术加速生产，建设完整的数字供应链体系，改革传统的业务模式，实现数字化转型升级。

与传统工厂相比，智能工厂的优越之处主要体现在以下几个方面：一是智能工厂能够实现人、设备、机器和传感器之间的连接；二是智能工厂的信息开放程度更高，系统利用传感器数据能够掌握各个环节的运行情况；三是智能工厂改变了传统的集中式的决策方式，授权于网络系统，使其能独立运作；四是智能工厂依托先进的技术开展运行，不同系统之间能相互协作，以智能化方式代替人类完成高危或复杂的作业。

在市场环境瞬息万变、消费者对智能的需求不断增加的情况下，智能工厂要想取得飞跃式发展，就要结合应用边缘计算与 AI。

4.1.4 【案例】百度：智能边缘产品的应用实践

百度云于 2018 年 5 月推出了国内首个智能边缘产品——百度智能边缘（Baidu IntelliEdge，BIE），实现了"端 + 云"一体化。面对众多领域对百度云日益增加的需求，该产品把百度云的能力延伸到了边缘端，能够在多元化的应用场景中对接用户需求，为更多的用户提供云服务。

ABC SUMMIT 2018 百度云智峰会于 2018 年 9 月在上海拉开帷幕。在此次大会上，百度智能边缘推出了新的功能，展示了边缘计算与"端 + 云"一体化在具体场景中的应用，涉及工业、农业、新能源出行等众多领域。实际的场景应用说明百度智能边缘产品实现了行业落地。

◆ "端 + 云"一体化：管理边缘计算的关键所在

优质的边缘计算管理平台，除了能够对众多边缘计算节点进行管理与规模化的操作控制，还能够进行计算内容分配与检测。边缘计算管理平台要根据具体场景需求发挥 AI 模型、函数程序的作用，同时还要通过云端平台对相关技术应用进行测试与调试。

边缘计算管理平台要能适用于各种类型的计算生产环境，为应用开发者在云端进行应用开发提供工厂层面的支持，为用户在云端寻找所需应用提供市场层面的支持。

此外，边缘计算管理平台还应为用户提供空中下载技术，保证数据传输的高效性、准确性与安全性。边缘计算的核心程序、配置及应用都能经由平台提供给所有边缘计算节点。

依靠"端＋云"一体化的架构，BIE 产品既能满足用户对边缘计算管理的需求，又能通过百度云的云端平台，从工厂层面与市场层面出发，为用户的应用开发、检测、调节和优化等提供工具支持，以满足用户的多样化需求。

◆　**百度智能边缘产品的两大应用场景**

（1）边缘机器视觉。基于云端平台的支持，机器视觉模型已经在城市管理、工业质检和公共安全等诸多领域得到了广泛应用。BIE 产品能够使本地设备拥有机器视觉功能，在提高识别效率的同时节约宽带成本，加速视频与图像信息的传输，提高整体的运转效率。

（2）边缘数字孪生。数字化技术在工业设备的生产制造、运维管理及智能设备的运行过程中发挥着重要作用。数字孪生能够以数字化方式处理设备运转与设备本身、设备与环境之间的关系，提高设备的运行效率。BIE 产品可以为本地设备分配适当的数字孪生模型，并为其提供数字孪生构建过程中所需的各类函数，具体包括协议解析函数、数据接入函数等。BIE 产品可以根据不同设备及其所处的具体环境，为其提供所需的数字孪生服务。

◆　**百度边缘计算产品的应用领域**

依托百度云平台，BIE 产品已经在诸多领域实现了应用，促进了智慧农业、智慧环卫、绿色出行和矿产安全的发展，具体如图 4-2 所示。

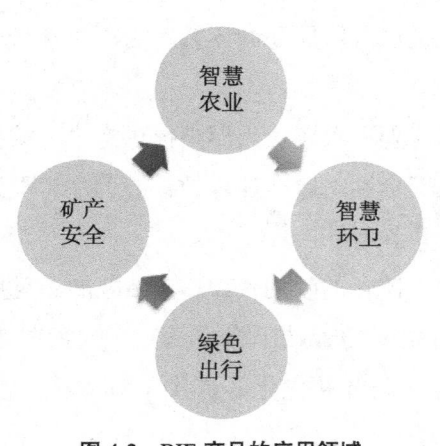

图 4-2　BIE 产品的应用领域

（1）智慧农业。目前，国内部分农田已经在植保作业中实现了对遥感监测、图像识别、无人机技术的应用，通过技术手段对存在病虫害的农作物进行准确定位，进而有针对性地解决问题。百度联手农业服务企业麦飞科技，在无人机上应用检测技术与作业技术，这种无人机集农田检测、植保功能于一体，在发现病虫害问题后能及时进行处理，该无人机的应用将推动智慧农业的发展。

（2）智慧环卫。只有减少环境污染，才能从根本上减轻环卫的负担，提高工作效率。百度与苏州环境云达成合作，利用机器识别技术对抛洒情况进行评估，在渣土车上应用合适的算法模型进行智能分析，准确地进行问题检测与定位，节约了宽带成本。

（3）绿色出行。随着电动汽车的普及，出行领域对充电桩的需求迅速增加。除了充电次数，充电质量也能对充电桩和汽车电池的健康状态产生影响。百度联手电力系统检测方案提供商博电电气，赋予充电作业检测装置算法能力，通过生成数字孪生对本地充电作业情况进行评估，将充电质量相关数据发送到车场、充电桩运营单位等接受监督，通过这种方式提高了充电质量，延长了设备的使用时间。

（4）矿产安全。矿产行业非常重视安全问题。为了避免在采矿过程中发生安全事故，必须提前做好探放水工作，通过提高探放水工作质量尽量消除采矿作业的风险。百度联手精英科技，运用 AI 技术对探放水作业进行控制，在矿场端进行数据分析，对探放水工作质量进行有效控制，提高了采矿作业的安全性。

综上所述，边缘计算在边缘机器视觉与边缘数字孪生两个场景得到了集中应用。这两种应用都在边缘端或数据源进行数据分析与处理，都能够提高网络运行的稳定性，减少宽带成本，提高数据传输效率。

BIE 产品的服务范围覆盖了包括云端、管理、本地运行在内的各种场景，把百度云的计算能力延伸到了网络边缘，并在诸多领域得到了应用。

4.2　从云到端：边缘计算人工智能芯片市场格局

4.2.1　边缘智能终端设备市场的兴起

华为与比特大陆在 2018 年先后推出面向边缘计算的芯片。华为 Ascend 系列产品以达芬奇架构作为支撑，面向边缘计算的 Ascend 310 的总功耗为 8 瓦，算力达 8TOPS[①]。继华为之后，比特大陆推出的 BM1682 和 BM1880 同样面向边缘计算，前者面向边缘服务器，总功耗为 30 瓦，算力达 3TFLOPS[②]；后者则面向边缘终端，总功耗为 3 瓦，算力达 2TOPS。由此可见，AI 与边缘计算的结合应用拥有巨大的发展潜力。

在 AI 芯片领域，首先兴起的是云端服务器行业，该领域中的独立显卡芯片生产销售商英伟达凭借算力极高的 GPU 在市场中占据着主导地位。

---

① TOPS 是 Tera Operations Per Second 的缩写，是一个处理器运算能力单位，1TOPS 代表处理器每秒可进行 1 万亿次操作。

② FLOPS 是 Floating-point Operations Per Second 的缩写，意为每秒浮点运算次数，I Tera FLOPS（TFLOPS）代表处理器每秒可进行 1 万亿次浮点运算。

边缘 AI 计算可以划分成不同的层次，用终端设备进行计算是其中的一种形态，这种形态能够将 AI 计算任务交给终端设备来完成，尽可能地降低时延。但是，因为终端设备的散热容忍度较低、电池容量太小，只有当 AI 芯片的功耗达到一定的水平时才能完成数据处理。

还有一种形态是通过距离终端较近的本地服务器进行数据处理。以工业应用为例，这类应用比较注重时延与稳定性，同时又能以集群化的方式进行数据分析。通过终端设备进行数据分析能够满足这类应用的需求。通过距离终端较近的服务器及边缘服务器进行数据分析，再将分析结果传递到终端设备上，也能够满足这类应用的需求。在芯片效能方面，边缘服务器的要求相对低一些，它能够在工业应用方面发挥重要作用。

近年来，边缘计算市场的发展十分迅速，与之相关的 AI 芯片吸引了各界的目光。在智能手机领域，华为于 2017 年 9 月推出的麒麟 970 芯片内置网络处理器（Neural-network Processing Unit，NPU）；此后，华为又在 2018 年 10 月发布 Ascend 系列芯片，Ascend 310 便是华为面向边缘服务器开发的一款 AI 芯片。另外，华为还推出了相应的边缘计算服务器，在自动驾驶领域进行布局。由此可以推测，未来将有更多的企业布局此类应用及芯片。

英特尔是 ECC 的发起者之一，致力于从芯片层面促进边缘计算的发展。如今，在市场和应用方面均蕴藏着巨大发展潜力的 IoT 将成为边缘计算的主要应用领域，各类企业正在积极寻找相关的应用场景。英特尔推出的 IoT 产品能够为数据计算、通信和存储这三个环节提供芯片服务。

（1）计算方面。英特尔拥有多款性能各异、优势不同的处理器，例如，凌动处理器在功耗方面更具优势；酷睿处理器的灵活性较强；志强处理器的性能非常高。在 IoT 领域，英特尔可以将这些处理器组合起来，按照计算需求提供服务。另外，英特尔还推出了配置灵活的 FPGA 芯片及针对视频传输的芯片产品。

（2）通信方面。3GPP 通过了窄带物联网（Narrow Band Internet of Things，NB-IoT）标准。在此过程中，英特尔提供了重要支持。目前，英特尔已经发布了 5G 基带芯片 XMM 8000 系列，并计划于 2019 年发布搭载 XMM 8060 基带的 5G 设备。

（3）存储领域。3D Xpoint 技术能够有效提高闪存的存储密度与存储速度。英特尔通过采取有效的措施来充分发挥 AI 的价值，并提高了其应用的灵活性。英特尔开发的 AI 芯片能够为智能视频服务器、智能摄像机和网络视频存储器等提供服务。

4.2.2 边缘服务器市场的格局与玩家

目前，AI 已率先在边缘服务器领域实现了应用。现阶段，智能摄像头产品在人脸识别、安防领域都已得到了应用。边缘服务器能够处理智能摄像头产生的大量数据。首先，以智能摄像头为代表的应用对可靠性的要求较高，而将 AI 应用于边缘端能够满足其应用需求。其次，集群化操作能够满足这类应用的计算需求，所以由边缘服务器为智能摄像头进行数据处理能够有效节约成本。另外，无人驾驶汽车也可以利用边缘服务器进行数据计算，通过这种方式完成海量数据的计算便能更好地实现传感器融合。

一般来说，边缘服务器在通用性方面会提出较高的要求。对此，可以将通用型深度学习加速芯片安装到处理器上进行应对。在此方面，最通用的处理方法是以 PCIe 加速卡的形式把深度学习加速芯片安装到主板上，使其与主处理器同时发挥作用。

目前，边缘服务器市场仍处于早期开发阶段，在这个领域布局的企业还很少。下面对英伟达、华为和比特大陆三家企业的竞争格局进行梳理。英伟达推出了 Xavier 芯片产品，其功耗为 30 瓦，算力峰值达 30TFLOPS，主要为自动驾驶领域提供服务，所以该芯片还结合了光流、双目视觉等技术，市场价格约为 2499 美元，主打高端自动驾驶市场。从这个角度来说，在成本方面受限的产品（如智能摄像头）不宜采用这种芯片。

华为面向中高端市场推出了 Ascend 310 芯片，其功耗为 8 瓦，算力达 8TFLOPS，该产品不仅剑指智能摄像头领域，而且在自动驾驶领域实现了应用。在自动驾驶领域，华为联手奥迪依托 Ascend 310 芯片共同开发了自动驾驶边缘服务器 MDC600。与之相比，比特大陆的产品的性价比更高，该公司推出的 BM1682 实现了与 CPU 的结合，具备视频解码与后处理功能，能够为用户提供完善的加速智能机器视觉方案。用户不必再购买 CPU 与其产品搭配使用，帮助用户节约了成本。

现阶段，国内对边缘计算的应用仍集中在以智能摄像头为代表的安防领域。在这个领域，华为与比特大陆之间展开了较量。

一方面，智能摄像头市场拥有广阔的发展空间，由于华为主要面向中高端市场，而比特大陆主打性价比，所以两者之间的竞争并不是针锋相对的。另一方面，以海康威视为代表的智能摄像头企业才是华为与比特大陆真正的竞争者，如果海康威视也进入芯片开发领域，并在安全摄像头系统中使用独立研发的边缘计算产品，就会给华为与比特大陆带来一定的威胁。届时，边缘计算在其他领域的发展将趋于成熟，这可以为华为与比特大陆带来更多的发展机遇。

4.2.3　边缘终端芯片市场的竞争格局

通过终端设备开展数据计算的 AI 芯片就是业界所谓的"边缘终端市场"。这种芯片既要具备较高的能效比，又要满足低能耗需求。现阶段，边缘终端市场的芯片产品主要包括两类：一类是基于通用加速器构建的独立芯片；另一类是系统级芯片（System on Chip，SoC），这类芯片可以为特定应用场景提供服务。其中，SoC 针对专用市场，深度学习加速计算占据的芯片面积比较有限，更多的是视频解码模块、主控处理器等。SoC 具有更明显的集成性特征。随着技术的发展，这类芯片也在不断进行换代升级，新的芯片能够为深度学习加速提供有力的支持。

华为麒麟系列 SoC 通过引入寒武纪 NPU 实现了芯片的升级。在通常情况下，以 AI 芯片开发为主导业务的厂商会采用为合作方提供 IP 授权的方式在 SoC 领域进行布局，寒武纪就是通过给华为提供 NPU IP 授权进军该领域的。由于 SoC 面向的是特定应用，所以其构成模块具有较强的针对性，无法在其他应用中体现价值。例如，华为的麒麟 SoC 针对的是手机应用场景，该芯片使用的调制解调器、CPU 等针对的都是手机场景，在其他场景中无法应用。为了解决这个问题，终端通用型深度学习加速器芯片诞生了。相比之下，这类芯片对集成度的要求比较低，能够与其他芯片结合使用，适用于更多的场景。

近年来，进军终端 SoC 领域的企业数量不断增加。高通和华为都研发出了与 SoC 结合应用的 AI 加速模组，以铿腾电子科技有限公司（Cadence）、ARM 为代表的传统 IP 提供商，以及以寒武纪为代表的初创企业也纷纷推出 AI 加速模组 IP。很多 SoC 企业都实现了 AI 在芯片产品中的应用。在 AI 终端 SoC 领域，除了几家主流 SoC 供应商，进入该领域的企业仍很少，这是因为当下的终端 AI 技术在具体应用方面尚未取得突破，AI 在 SoC 中的应用层次也比较浅。

Cadence、ARM 进军 IP 授权领域，给实力相对薄弱的小企业带来了挑战。这是由于实力型企业的市场开发难度更低，而且这类企业可采用捆绑销售的方式提高 AI IP 的销售量。对 SoC 而言，AI 并不是核心组件。在这样的市场环境中，小企业应主打模拟计算、低功耗类产品，体现自身的独特优势，尽量避免与实力型企业正面交锋。

目前，终端通用深度学习加速器芯片领域仍处于初期发展阶段。Movidius 神经计算棒在推向市场后反响平平，但这不能否定该领域所蕴藏的巨大发展潜力，只是说明目前的市场仍有待培养与开发。在这种情况下，进入该领域的企业在尝试建立开发者生态的同时，也在积极探究各个细分市场的潜力，以期在市场完善后集中发力，面向主要应用进行芯片开发，巩固自己的市场地位。现阶段，企业可以集中打造以 USB 加速棒为代表的插件式加速硬件或开发板，寻找市场需求，不断优化产品形态。例如，继 Movidius 之后，比特大陆开发出了 BM1880 芯片，并向市场推出了 USB 加速棒、开发板和芯片模组等硬件产品。未来，市场中将出现更多通用型终端 AI 加速器产品。

现阶段，在边缘服务器芯片领域布局的企业比较少，未来加入该领域的企业数量会逐渐增多。例如，除了海康威视正致力于芯片产品的研发，很多主打产品高性能的初创企业也纷纷加入。与此同时，率先进军边缘计算领域的华为、比特大陆也将在该领域进行深度开发。

目前，已有多家企业针对终端边缘计算领域的 SoC 进行布局。在今后的发展过程中，原有的市场格局将发生变化，除了少数几家聚焦于垂直市场的企业，多数企业将会被淘汰出局。未来，通用终端芯片的数量将不断增加，近期出现在市场中的边缘终端加速器产品将对该领域的市场规模产生重要影响。

从目前的情况来看，我国 AI 芯片的市场规模居于世界首列。以商汤、旷视为代表的初创公司已经成功开发出了智能芯片产品并巩固了自己的市场地位，不仅推动了 AI 应用的发展，而且为 AI 芯片提供了更广阔的应用空间，促使 AI 产业链不断完善。

4.2.4 【案例】联发科：边缘人工智能的商业场景应用

近年来，边缘计算与 AI 在自动驾驶汽车、IoT 和智能家居等领域被广泛应用。

联发科发布的边缘 AI 芯片产品——Helio P90 是一款基于 AI 技术的芯片，该芯片具备实时实物识别功能。用户将拍摄好的商品图片发送到系统后，就能获知该商品的名称、状态等相关信息，并得到系统在商品价格、目标消费群体类型等方面给出的参考信息，还能直接购买商品。由此可见，AI 技术的应用能够优化用户体验。在边缘计算与 AI 检测终端设备的支持下，数据处理效率将得到极大的提升，数据传输的准确率将大大提高，误差将大大减少。

边缘 AI 在识别过程中发挥着重要作用。由云端平台进行图片识别，再由边缘端进行分析与判断，这种处理方式可以降低时延并提高数据处理效率。Helio P90 芯片集多种 AI 技术于一体，拓宽了 AI 与边缘计算的应用范围。

◆ 边缘 AI 技术带来不一样的智能体验

近年来，持续发展的 AI 技术在越来越多的领域得到了应用。例如，联发科推出的 MT8175 利用 AI 技术优化了用户体验，该芯片能够应用于智能相机、智能车载娱乐系统和智能电视机等终端产品中，使手机之外的更多智能屏显设备能够为用户提供 AI 视觉体验。

与边缘计算结合应用的 AI 视觉可以提供很多新奇的体验。例如，传统电视机需要通过遥控器进行操作，而运用边缘 AI 后，人们可以通过人脸识别来开启电视机，或许还能通过挥手等姿态来切换电视频道、调节播放音量等。不仅如此，智能电视机应用边缘 AI 后还能为用户提供定制化的内容服务，在感应到用户到家后自动播放视频，并按照用户的个人习惯在早上播放当日的新闻，在中午播放娱乐节目，在晚上播放音乐。

◆ 边缘 AI 在智能音箱上的应用：居家小能手

边缘 AI 在智能语音领域的应用空间也十分广阔。联发科在 2019 年国际消费电子展上发布的 AI 语音交互系统芯片 MT8518 就实现了对边缘 AI 的应用。这款芯片可以用于声纹识别、远场指令识别和语音唤醒等诸多应用场景。未来，包括语音手表、智能音箱和智能翻译机等在内的语音产品依托MT8518，将能够区分主人与其他用户的声音，根据产品的使用需求识别语音状态、消除背景音乐，或者应用于特定的生活场景。

◆ 联发科通过"AI+IoT"全面实现人工智能

未来，联发科的边缘 AI 将应用于更多家庭设备。在新的应用模式下，用户只需对电灯开关发出语音指令"开灯"和"关灯"，就能控制其开关操作。为此，边缘 AI 要在深度学习过程中运用数字信号处理（Digital Signal Processing，DSP）技术，并通过神经网络系统对关键词进行识别。

第5章

工业互联网：提供未来智能制造解决方案

5.1　智能制造：“工业 4.0”环境下的边缘计算

5.1.1　智能制造掀起新一轮工业革命

2017 年，边缘计算论坛在德国柏林举行。该论坛吸引了众多来自边缘计算领域的知名专家和学者。边缘计算可以推动各个行业的数字化转型，这一点毋庸置疑。在这些行业中，制造业最先受到影响。

中桥调研曾向我国制造、教育和医疗三个行业的企业和机构发放调查问卷，询问它们是否有意在未来一年内进行数字化转型，结果显示意愿最高的是制造企业。

我国早已提出要利用 ICT 技术促进实体经济发展。制造业是实体经济的重要组成部分，制造业的数字化转型能带来很多新机遇。近年来，云计算厂商、企业管理软件厂商都在为这些新机遇兴奋不已。

随着 IoT 时代的到来，制造业现有的格局将被打破，开始新一轮重组。从经营管理层面来看，目前制造业正在从粗放式运营向精细化运营转变。过去，制造企业的关注点是如何降低成本；现在，制造企业的关注点是如何利用技术手段改善经营、提高效率。

例如，国内某半导体厂商引入自动化设备和自动化监控系统对生产线进行改造，90% 的生产线实现了无人值守。对制造企业来说，要想做到精细化管理，找到那些可能对生产过程、生产效率产生影响的问题，并提高良品率，就必须引入云计算、IoT 和大数据等技术，构建新的基础设施。事实上，在现阶段，为了缓解业务、经营等方面的压力，抓住技术创新带来的新机遇，制造企业已经开始推动数字化转型，第四次工业革命已经悄然兴起。

第四次工业革命以智能制造为主导，其目的是推动信息技术与工业技术的完美融合，利用 CPS 促使产品全生命周期中各个制造单元相互交换信息、触发动作、实现控制，推动制造业实现向智能制造的转型。智能制造的最终目标是创建一种高度灵活的个性化、数字化的生产模式，促使人、产品和机器实现实时互动。

边缘计算利用设备端的嵌入式计算能力，通过分布式信息处理使设备端实现了智能与自治，并与云计算相结合，利用设备端与云端的交互协作打造了一个智能化系统。

随着 CPS 与 IoT 的发展，数据已成为制造企业发展的重要驱动力。在 IoT 环境下，各地之间的联系变得愈发紧密，数十亿台设备与机器产生了海量数据，虚拟世界与现实世界连接在了一起。在此形势下，全球的制造企业都在努力开展数字化转型，让机器和产品变得更加智能。

未来，生产过程中的每个环节都将在虚拟世界中进行设计、仿真与优化，虚拟世界将创建一个与物理世界高度相似的数字化模型，这个过程不仅需要大数据的支撑，更需要智能数据的支撑。从目前来看，制造企业在数字化转型方面还面临着很大的挑战，这些挑战一方面来自于数字化技术引发的传统生产模式与生产管理体系的变革，另一方面来自于虚拟世界的工厂不能简单地以物理世界的工厂为蓝本进行建设。

现阶段，虽然传统制造企业亟须进行数字化转型，但大部分企业尤其是中小型企业技术力量不足、资金有限。在这种情况下，企业要想实现数字化转型，将面临很多困难。这些企业亟须利用标准、安全、成本低的 ICT 产品构建 CPS 开展柔性化生产，提高生产质量与效益，增强企业的市场竞争力。

5.1.2　工业 CPS 应用的重要基石

CPS 是"工业 4.0"的核心，而边缘计算则是 CPS 的核心，因此，边缘计算是"工业 4.0"的核心中的核心。借助边缘计算的资源和能力，虚拟空间（C）与物理空间（P）可以实现紧密连接。制造企业的数字化升级、智能化转型以及网络化协同，必须借助 IoT、大数据和云计算尤其是边缘计算来实现。

边缘计算与工业控制系统的关系非常密切。从本质来看，拥有工业互联网接口的工业控制系统就是边缘计算设备，它可以很好地缓解工业控制系统高实时性要求与互联网服务质量不稳定之间的矛盾。

边缘计算在整个端到端的制造业闭环中发挥着承上启下的作用，能够将物理世界与数字世界连接在一起，将智能生产和智能物流等数字化生产的各个环节连接在一起，以满足智能制造的各种需求。

边缘计算的应用场景非常丰富，拥有很高的产业价值。一方面，边缘计算为制造企业的商业模式创新提供了支持，实现了产品价值向服务价值的延伸；另一方面，制造企业引入边缘计算有利于产品与服务实现定制化、智能化。目前，在边缘计算的各种应用场景中，预测性维护、智能制造和能效管理最为典型。

在有些人看来，边缘计算是新概念，实则不然。对于从事工业自动化工作的人来说，边缘计算并不陌生。例如，在以 PLC、DCS、工控机和工业网络为基础构建的控制系统中，底层的、嵌入设备中的部分计算资源就属于边缘计算资源。不过，目前这部分资源比较分散，还没有实现互联互通，并且尚未实现标准化与平台化，无法满足应用场景对实效性、安全、大容量、自适应计算等方面的要求。

工业 CPS 是边缘计算的具体表现，主要由三部分构成（见图 5-1）。在底层，工业 CPS 利用工业服务适配器将现场设备封装成 Web 服务；在基础设施层，工业 CPS 以扁平互联的方式将工业无线网络与工业 SDN 网络接入工业数据平台；在数据平台，工业 CPS 利用生产线的工艺和工序模型，通过服务组合的方式对现场设备进行动态管理，与制造执行系统（Manufacturing Execution System，MES）进行对接。在工业 CPS 的支撑下，企业可以根据生产线的资源变化灵活调整生产计划，并快速地用新设备替换旧设备。

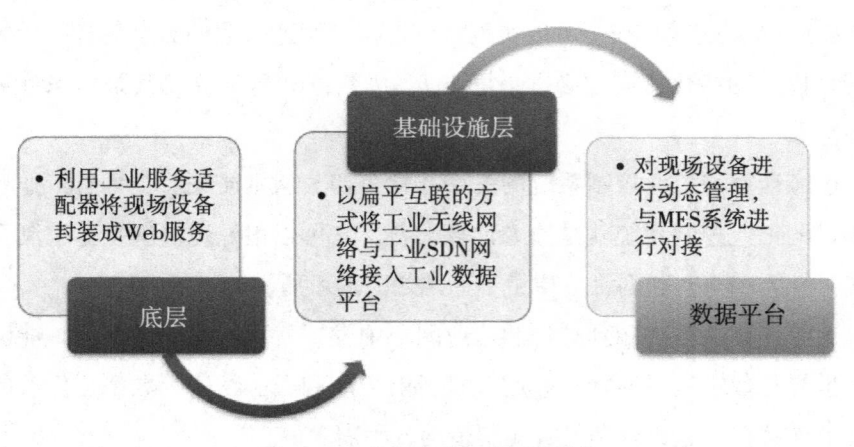

图 5-1　工业 CPS 的三个组成部分

由此可见，将边缘计算引入制造业，不仅可以实现灵活替换设备、灵活调整生产计划，而且能让新工艺、新设备在短时间内实现普及应用，推动智能制造尽快落地。

目前，工业互联网平台可以接入不同类型的数据，尤其是那些流程比较复杂的业务系统，在工业互联网边缘端形成的小型专家系统已经成为一个数据库。在一般情况下，大型工业现场往往会产生大量数据，管理人员需要通过数据地图的"血缘关系"掌握这些数据之间的关系，更好地对数据进行统一管控与治理。

工业互联网的边缘计算不仅能处理数据，而且有很多其他功能。正是因为这一点，致力于工业互联网研究的通用电气公司才会聚焦于边缘计算在工业领域的应用。未来，随着边缘计算的终端越来越多，智能化程度越来越高，工业现场对边缘计算的需求将催生一个小型的工业专家系统。

5.1.3　边缘计算在智能制造中的应用

有研究表明，预计到 2020 年，接入 IoT 的设备将超过 500 亿台，每家工厂每天收集到的数据将超过 14.4 亿条，这些数据将被整合、筛选、处理，为决策提供支持。如此大规模的数据处理对 IoT 的连接能力、计算能力、响应速度和服务质量等都提出了更高的要求。因为在很多非常关键的操作中，若操作人员被困在设备中或发生气体泄漏等，则任何延迟都可能会造成极其严重的后果，这也是边缘计算被引入智能制造的一大原因。在智能制造领域，边缘计算的应用场景非常多，具体如图 5-2 所示。

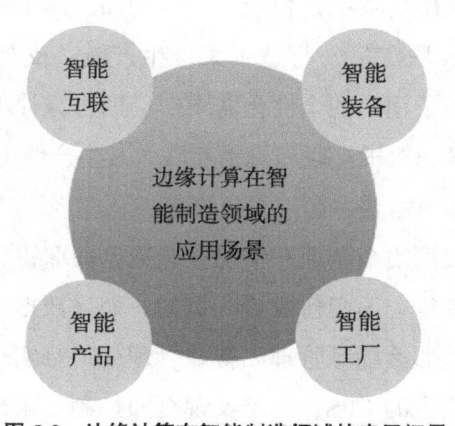

图 5-2 边缘计算在智能制造领域的应用场景

边缘计算将数据处理放在更接近数据源的网络边缘，使用分布式控制体系代替传统的中央控制系统，这种基于轻量级数据中心的替代方案备受欢迎。借助边缘计算，各种设备（如传感器、机械臂、暖通空调机组、连接泵等）都能收集数据，都可以使用云端的数据处理模型对数据进行打包处理与分析。

前文提到，边缘计算并非新概念，现阶段强调边缘计算的目的是将原本分散的、独立的资源连接在一起，实现新突破，满足现代应用场景对实时性、互通性和安全性等方面的要求。

汽车制造是制造业的一大细分领域。目前，汽车生产线已经实现了高度自动化，一旦某个环节发生故障，整条生产线都会受影响。为了及时发现故障，汽车生产线需要安装远程监测系统。为此，国内一些汽车装备解决方案提供商开发了整套边缘计算解决方案，一方面为汽车生产厂商提供强大的边缘计算能力，在边缘端对数据进行预分析；另一方面通过边缘计算网关为汽车生产厂商提供虚拟专用网络，支持有线、无线等多种通信方式，连接公有云，进行有线备份与无线备份，切实保障数据的安全。在边缘计算的支持下，汽车制造商生产线控制系统的在线监控、定制化售后、数据挖掘等将发生巨大的改变。

另一个典型的应用场景就是智能工厂。例如，海尔颠覆了传统的生产模式，建设了数字化互联工厂，打造了柔性生产链，支持按需设计、按需制造、按需配置，满足了用户的个性化需求。借助边缘计算，海尔数字化互联工厂实现了人机互联、机机互联和机物互联。其生产线上安装了 10 000 多个传感器，一条生产线只需要一名工人负责管控，实现了"黑灯车间"。

在冶金行业，大型冶金企业在信息化改造方面取得了很大的进展，但在末端智能、数据治理等方面亟待改善。例如，如果数据完整性、一致性等问题得不到妥善解决，那么能源管理和智能管理就很难实现。另外，冶金行业的物流跟踪系统是典型的 CPS，很难实现全面控制。未来，边缘计算将在这些场景中发挥重要作用。

除了上述场景，边缘计算已经在智能制造、智能装备、智能产品等领域得到了广泛应用，为大数据分析、IoT 等技术在制造业的应用产生了积极的推动作用。在边缘计算的支持下，制造企业可以灵活调整生产计划，按需定制产品，大幅缩短新品上市周期……总而言之，边缘计算的引入加速了制造业数字化转型的进程。

5.1.4 【案例】ECC：赋能智能制造

ECC 于 2016 年 11 月成立，致力于积极推动以边缘计算为核心的"政产学研用"等资源的协调发展，制定相关标准，推出适用于不同行业和应用场景的测试床，让边缘计算与行业需求相匹配，帮助客户完成数字化转型。

目前，ECC 已经推出了 11 个测试床，其中有 4 个面向工业制造领域，分别是智能协作机器人助手实验平台、自适应模块化制造验证平台、机床物联网测试床和工业机器人预测维护测试床。这些平台和测试床凝聚了中国科学院沈阳自动化研究所、中国信通研究院以及华为、英特尔、Infosys 等企业的创新研究成果，在一些制造企业实现了应用，并获得了积极反馈，其成果如图 5-3 所示。

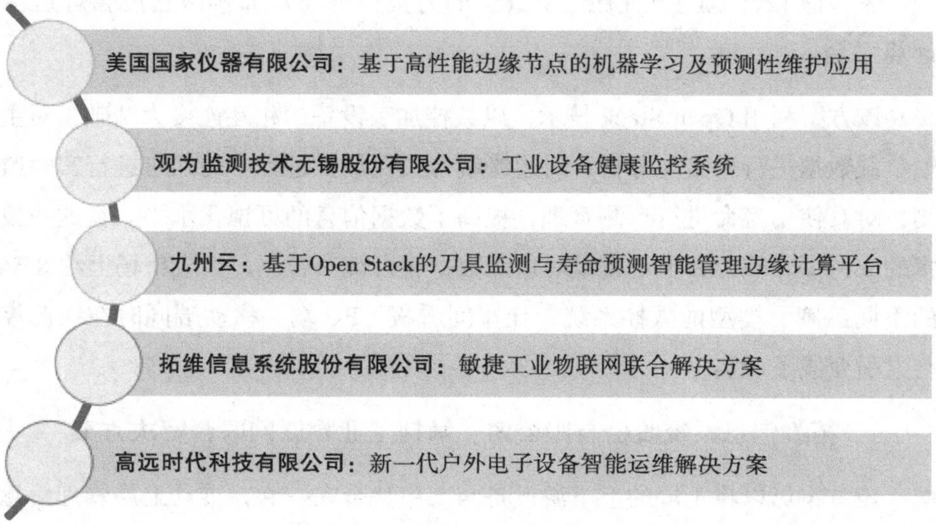

美国国家仪器有限公司：基于高性能边缘节点的机器学习及预测性维护应用

观为监测技术无锡股份有限公司：工业设备健康监控系统

九州云：基于Open Stack的刀具监测与寿命预测智能管理边缘计算平台

拓维信息系统股份有限公司：敏捷工业物联网联合解决方案

高远时代科技有限公司：新一代户外电子设备智能运维解决方案

图 5-3　ECC 的研究成果

◆ **美国国家仪器有限公司（National Instruments，NI）：基于高性能边缘节点的机器学习及预测性维护应用**

该应用通过机器学习算法对旋转设备进行预测性维护，利用 NI 提供的机器学习工具包对传感器数据进行分析，从中提取特征，进行模型训练，将经过训练的模型部署到边缘节点。一旦有设备出现非正常运行倾向，系统就会发出预警，对故障进行定位，并向监测人员发出通知，以便监测人员及时对设备进行维护。在此过程中，数据采集、设备控制、机器学习及智能故障预警都在网络边缘端进行，满足了工业设备预测性维护场景对实时性的要求。

◆ **观为监测技术无锡股份有限公司：工业设备健康监控系统**

在线状态监测系统可以实时监测处于运行状态的设备，对设备的运行状态进行诊断与评估，提前发现设备故障，及时发出分级预警和报警信息，为故障分析、设备性能评估提供精准的数据依据，从而保证故障评估结果的准确性，保证设备的正常运行。

◆ **九州云：基于 Open Stack 的刀具监测与寿命预测智能管理边缘计算平台**

该方案利用 Open Stack 技术，以数控加工设备的相互连接为基础，对主轴负载数据进行采集与分析，对边缘端刀具在加工过程中的状态进行实时监测，对其使用寿命进行预测管理，提高了数据信息的可视化水平。在这一技术的支持下，核心云平台可以对边缘数据进行统一管理，集成市场上约 85%的不同品牌、类型的数控系统，让车间看板、PC 端、移动端同时在线监控与索引变成了现实。

◆ **拓维信息系统股份有限公司：敏捷工业物联网联合解决方案**

该方案可以将工厂的上下游设备与工序整合在一起，推动上层管理信息系统的生产计划落地，大幅度提升生产现场的管理执行能力。将企业资源计划（Enterprise Resource Planning，ERP）系统与生产车间的工业控制系统连接在一起，对车间的生产过程进行集成化管理，可以大幅度提升生产效率。该方案构建了一个生产车间智能化管理与监控平台，该平台不仅能对生产车间进行综合管理，而且能帮助各职能部门自由获取生产车间数据，与工厂其他信息系统进行数据交互。在敏捷工业物联网联合解决方案的支持下，工厂的运营成本大幅度降低，设备故障停机时间大幅度缩短，生产现场实现了高效调度，产品优良品率得以大幅度提升，数据资产不断积累，企业的生产管理模式实现了持续优化。

◆ **高远时代科技有限公司：新一代户外电子设备智能运维解决方案**

该方案利用 IoT 和边缘计算等先进技术，在前端安装边缘智能运维网关，引入故障诊断算法与故障修复引擎算法，对前端设备故障进行自动巡检和智能化巡检，并对故障进行精准定位与自动修复。该方案可修复 70% 以上的故障。运维网关不仅可以对数据进行采集与控制，而且可以在边缘端独立运行，将故障报警代码和修复记录上传到运维云平台。

5.2　工业互联网：数字产业的下一个风口

5.2.1　工业互联网面临的机遇与挑战

目前，互联网巨头纷纷将目光投向了工业互联网，并在工业领域积极布局，力争在"互联网的下半场"占据优势。同时，工业领域的龙头企业也在积极地与互联网对接，希望借助互联网的力量完成转型升级，实现可持续发展。

2019 年 2 月，"2019 工业互联网峰会开幕式"在北京召开，开幕式致辞宴宾对目前全球工业互联网的发展态势做了深度剖析：关键技术加速突破，基础设施日渐完善，融合应用愈发丰富，产业生态不断成熟。工业互联网在迎来发展新机遇的同时，也面临着严峻的挑战，具体如图 5-4 所示。

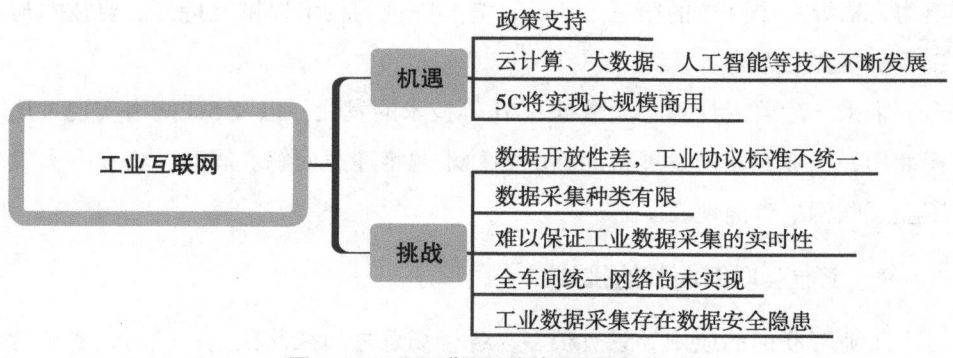

图 5-4　工业互联网面临的机遇和挑战

◆ 工业互联网面临的机遇

我国非常重视工业互联网的发展，明确提出要深入实施工业互联网创新发展战略。为了推动工业互联网的发展，政府出台了一系列指导性文件。此外，政府明确提出要尽快实现 5G 商用，加快制造业的技术改造，尽快淘汰老旧设备、引入新设备，完成设备更新，做好 AI、IoT、工业互联网等新型基础设施建设。

据预测，2019 年我国工业互联网产业规模有望达到 4800 亿元，将为国民经济带来近 2 万亿元的增长。预计到 2020 年，我国工业互联网直接产业规模将突破 1 万亿元。同时，受利好政策的影响，我国工业互联网平台已逾250 家。现阶段，各国都在工业互联网领域积极布局，工业互联网领域的竞争将越来越激烈。

工业互联网的产业链比较长，上游利用智能硬件采集工业大数据；中游是由边缘层、基础设施层、平台层和软件层构成的工业互联网平台；下游是工业企业。由此可见，工业互联网产业链涉及的范围非常广，模型比较复杂，任何一家企业都无法做到全覆盖。

对工业互联网来说，商业模式和创新价值才是其本质。因此，工业互联网的创建无法由某一家企业单独完成，需要很多细分领域的龙头企业的共同努力，需要一个开放的第三方 App，需要先进的技术提供支持，需要技术与工业实现深度融合。

未来，随着云计算、大数据、AI 等技术的发展，以及 5G 网络实现大规模商用，工业互联网发展所面临的各种难题将迎刃而解。届时，将有一大批工业互联网平台涌现。

◆ 工业互联网面临的挑战

工业互联网的应用场景有很多，各个场景之间彼此独立；同时，各个行业的智能化水平和数字化水平不同，对边缘计算的要求也不同。

以机械制造业为例，机械制造业是我国的一大支柱型产业，通过企业调研等方式对机械制造业对边缘计算的需求进行分析可以发现，该行业的基础设施建设水平高低不一，质量良莠不齐，且面临着以下几个方面的问题。

（1）数据开放性差，工业协议标准不统一。目前，机械制造设备普遍留有数据接口，但没有数据开放接口和相关的文档说明，导致数据开放程度较低。另外，机械制造业的工业协议标准有很多，如 Profibus、MTConnect、Modbus TCP、Profinet 等，各个自动化设备生产商和集成商还在开发自己的工业协议，导致协议标准过多，互不统一、互不兼容，这给协议适配、协议解析、数据互通带来了极大的困难。

（2）数据采集种类有限。目前，大部分机械设备都具有数据采集功能，但能够采集的数据种类有限。例如，数控机床只能采集电压、电流等数据，要想采集振动信号，还需要配备外置传感器。

（3）难以保证工业数据采集的实时性。机械制造车间的生产线运转速度极快，精密生产、运动控制等场景要求对数据进行实时采集，而传统数据采集技术无法保证数据采集的实时性，更无法满足企业对生产过程进行实时监控的需求。

（4）全车间统一网络尚未实现。在机械制造业，各个企业的基础设施建设水平、车间内设备的联网水平有所不同。例如，有些企业只有部分设备接入了互联网，还有很多设备没有联网，导致车间内尚未实现统一网络。

（5）工业数据采集存在数据安全隐患。工业数据采集往往涉及很多非常重要的工业信息和用户隐私信息，这些信息的存储与传输面临着很大的安全隐患，如数据被黑客窃取、企业生产系统遭到黑客攻击等。

5.2.2　工业互联网对边缘计算的需求

继瓦特发明蒸汽机开启第一次工业革命，西门子发明发电机开启第二次工业革命，信息技术的兴起引发第三次工业革命之后，以数字化、智能化为标志的第四次工业革命悄然来临。在这场工业革命中，IoT 发挥着非常重要的作用，但驱动制造业转型的内在动力不是 IoT，而是制造业存在的新问题和新需求。

在市场方面，全球消费能力不断提高，这对工厂的运作效率提出了更高的要求。同时，不断升级的消费需求也对工厂提出了柔性生产的要求，要求工厂开展定制化生产，满足用户的个性化需求；在安全方面，工厂内的设备实现了互联互通，这对安全性提出了更高的要求，因为每遭遇一次网络攻击都会给工厂造成巨大的损失；在劳动力方面，工厂原有的熟练技工逐渐到了退休年龄，工厂必须引入更多的机器和设备。

与此同时，全球制造业正在发生很多变革，例如，3D 打印让定制化生产有了实现的可能，制造企业的商业模式从以产品为中心升级为以服务为中心。

◆ 边缘计算将重塑数据中心格局

无论是对设备进行预测性维护，还是为了满足用户需求开展柔性生产，都离不开大数据的支撑。工厂内的设备联网后会产生海量数据，只有充分挖掘这些数据蕴藏的价值，才能真正提高数字化工厂的运行效率，真正实现工业智能化。

在工业领域，任何微小的变化都会引发巨大的改变，通用电气公司将这种情况称为"1% 的威力"。同理，任何微小的故障也会造成巨大的损失。在工业领域，很多数据的价值都是转瞬即逝的，不及时处理就会迅速失效。因此，不是所有数据都必须上传到云平台处理，边缘计算就是在这种背景下产生的。

目前，互联网信息处理模式是"端—管—云"模式。在这个模式中，"端"负责收集数据、执行命令，"云"负责分析数据。边缘计算将一部分原本由"云"负责执行的数据分析任务转移到了应用场景附近，这种就近提供的智能服务可以满足行业数字化对敏捷连接、应用智能、数据优化、实时业务、安全与隐私保护等方面的需求。

如果将"云"比作人的大脑，那么边缘计算就是人的神经末梢，它可以自发地对一些简单的刺激进行处理，然后将处理得到的特征信息反馈给大脑

（云端）。

在 2017 中国国际工业博览会上，英特尔和华为合作开发的自适应柔性制造平台获得了"第十九届中国国际工业博览会创新金奖"。这两家公司联手应用英特尔至强处理器开发了边缘计算服务器，将边缘计算应用于机器人研发与生产，利用软件对机器人进行定义，实现了快速部署，大幅度缩短了生产线的切换时间，推动了柔性产生快速落地。

◆ **从分散的子系统到整合的计算平台**

工业设备中的子系统比较分散。现阶段，人们努力地将这些子系统整合到一个计算平台中，在一个平台上对多种应用进行管理。例如，一台机器上往往安装了多个计算设备，包括机器控制器、PLC、人机界面、机器视觉设备、数据采集设备和安全控制器等，设备制造商正在努力整合这些设备的功能。

在 IoT 演进的过程中，工厂内的设备需要全部接入互联网，这些联网设备在运行过程中会产生海量数据，如何对这些数据蕴藏的价值进行挖掘已经成为重要课题。除了传统的云端，本地计算能力较强的边缘设备也可以让设备在短时间内采取行动。例如，英特尔智能联机技术可以在边缘端提取数据，在本地或后台对数据进行聚合与分析，从而提高企业的生产效率。

IDC 预测，从 2017 年到 2020 年，IoT 领域的投资将以年均 15.6% 的速度稳定增长，预计到 2020 年，IoT 行业的产值将超过 1.29 万亿美元。其中，制造业、交通运输业、公用事业等工业应用的投资占比最高。也就是说，目前，工业端应用已经超越消费端应用成为全球 IoT 投资的主要对象。正因如此，工业领域将成为边缘计算率先落地应用的领域。

5.2.3　从概念推广到全面布局的演变

相关统计资料显示，目前国内的工业互联网平台有 269 个。现阶段，为了加快在制造业领域的布局，无论是装备与自动化领域的巨头，还是软件、通信、IT 等信息技术行业的龙头企业，都在努力建设工业互联网。

从 2016 年开始，我国开始研究工业互联网的边缘计算，经过一段时间的概念推广，边缘计算已经进入产业布局阶段，呈现出图 5-5 所示的三个特点。

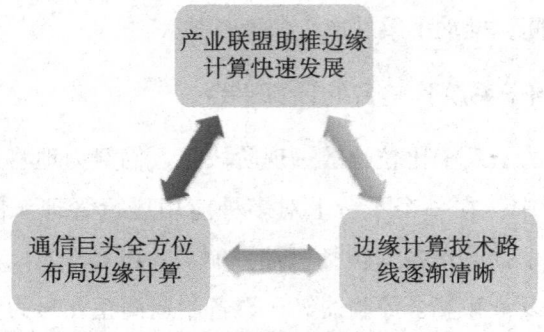

图 5-5　边缘计算产业布局的三个特点

◆　**通信巨头全方位布局边缘计算**

通信企业凭借自身优势，从芯片、设备、网络和软件等各个方面在边缘计算领域布局。2018 年，英特尔推出至强 D-2100 处理器，以期满足受限于空间、功率的边缘应用需求。恩智浦等半导体公司利用 ARM 的 Layerscape系列处理器和微软的 Azure IoT 套件开发边缘计算解决方案。华为、思科等企业以网络设备为切入点，研发具备边缘计算能力的工业网关，利用虚拟化、软件定义等技术提高支持不同应用的工业互联网边缘端能力。

目前，各通信企业在边缘计算领域的探索主要集中在为边缘端提供智能化能力方面。高通公司将第三代移动 AI 平台引入骁龙 845 芯片，以满足开发者对深度学习神经网络的需求。NI 对边缘节点收集到的数据进行模拟训练与验证，利用机器学习开展预测性维护，对商业决策进行优化。

◆　**边缘计算技术路线逐渐清晰**

目前，边缘计算推动工业互联网发展的路径逐渐清晰，具体如图 5-6 所示。

通过ICT基础设施下沉为工业互联网应用提供计算能力

对设备进行改造，打造具有一定计算能力、可接入第三方服务应用的边缘设备

图 5-6 边缘计算推动工业互联网发展的两条路径

（1）通过 ICT 基础设施下沉为工业互联网应用提供计算能力。部署边缘云是最典型的应用。在边缘云的支持下，集中式的数据中心将演变为小型数据中心，在网络边缘端实现集中部署，根据需要为用户提供计算能力。2017年年底，中国联通与英特尔、腾讯等公司携手创建了边缘数据中心测试床，并计划在未来创建 6000 个边缘数据中心。

（2）对设备进行改造，打造具有一定计算能力、可接入第三方服务应用的边缘设备。工业边缘网关是比较典型的应用。例如，亚马逊发布的边缘端软件 AWS Greengrass 可以将 AWS 云服务的各项功能拓展到工业设备；航天云网公司推出的 Smart IoT 智能网关可以与工业互联网平台 INDICS 连接，既可以对不同厂商的工业设备所产生的数据进行采集、转化、处理与传输，也可以进行工厂 OT 组网，完成通信协议转换等。

◆ **产业联盟助推边缘计算快速发展**

在推动工业互联网边缘计算发展、构建产业生态方面，产业联盟发挥着至关重要的作用。对边缘计算来说，虽然技术与产品创新为其发展奠定了基础，但主要驱动力还是工业应用。目前，为了推动工业互联网边缘计算快速发展，进一步提高产业影响力，工业互联网产业联盟、ECC 等组织发布了白皮书，制定了相关标准，并通过测试床推动技术成熟与产业应用。

5.2.4　从 5G、边缘计算到工业互联网

对工业互联网来说，5G 实现大规模商用意义重大。5G 是万物互联的基础，它不仅可以优化移动通信体验，而且能为垂直行业赋能，与智能技术一起在第四次工业革命中发挥主导作用。

工业互联网的发展首先要求将工厂的内部网络与外部网络联通，接入更多数据；然后要求对网络互联后产生的大量数据进行智能分析，产生更多的智能应用。

在消费者互联网时代，4G 网络解决了连接问题。进入工业互联网时代之后，连接问题将由 5G 网络解决。5G 是未来连接工业互联网的桥梁，将颠覆传统企业的生产运营方式，推动产业升级和数字化转型。

例如，5G 可以赋予设备实时感知能力与控制能力，推动企业引进 AI 机器，完成对人的替代；5G 可以通过"大视频"提升现场人员的工作技能，实现"机器强人"；5G 可以实现机器人云化，加速制造业变革，为企业转型升级提供支持。

在云计算的支持下，工业互联网平台将变得更加通用。工业互联网在发展过程中面临新的问题：在私有云体制下，中心云与边缘云协同的情况时有发生，大型企业可以建设私有云来解决中心云与边缘云的协同问题，但中小型企业更倾向于公有的中心云与私有的边缘云，中心云与边缘云的管理相互分离，二者协同面临着一系列问题，要想解决这些问题，就需要工业互联网平台的支持。

边缘计算为工业互联网的发展提供了新动能。数字化为工业互联网的发展奠定了基础，网络化为工业互联网的发展提供了支撑，智能化则是工业互联网发展的目标。边缘计算要为工业转型升级提供设备开放、数据共享等功能。目前，工厂内的很多生产设备只能机械地进行生产，不具备感知能力与分享能力。导致这种情况出现的原因有两个：一是这些设备使用的是软硬件一体化的封闭系统，设备采集到的数据无法实时分享；二是这些设备来自

于不同的厂商，采集到的数据标准不一，无法相互识别，数据的潜在价值无法被充分发挥出来。事实上，在工业互联网环境下，智能化生产、个性化定制、网络化协同和服务化延伸的实现都需要利用边缘计算赋予设备分享能力，实现数据的开放与统一。

总而言之，工业互联网的发展形成了一套方法论，为制造业及其他产业的数字化转型、智能化转型做出了示范，为 5G、云计算、大数据和边缘计算等技术在其他产业的创新应用提供了借鉴。

5.3　边缘计算在工业互联网领域的应用特点与场景

5.3.1　边缘计算在工业互联网中的应用特点

工业生产的属性体现在两个方面，一方面是工业现场的复杂性，另一方面是工业系统控制与执行对计算的实时性、可靠性有极高的要求。

在工业现场的复杂性方面，为了满足消费者的多元化需求，工厂需要生产各种各样的产品，而工业生产能力的发展不是一蹴而就的，必须逐步积累。在这些因素的共同作用下，工业现场变得复杂、多样。例如，工业现场的通信协议有 30 多种，工业设备的连接、各种制式的网络通信协议的转换、异构网络的部署与配置、网络的管理与维护等都需要边缘计算提供现场级的计算能力。

在对计算的实时性、可靠性要求方面，边缘计算提供了有效的解决方案。在部分工业场景中，计算处理时延不能超过 10 毫秒。如果数据分析与控制全部在云端完成，那么很难做到实时处理。同时，工业生产要求计算具有"本地存活"的能力，不受网络传输带宽与负载的影响，即便出现断网、时延过长等情况，依然能做到实时计算，满足实时性生产要求。由此可见，无论是在服务实时性方面，还是在服务可靠性方面，边缘计算都能满足工业互联网的发展要求。

边缘计算赋予了设备本地计算的能力，设备可以快速采取本地行动，在本地或后台完成数据聚合与分析，切实提升生产效率。目前，在边缘计算的支持下，工业互联网正在与制造业实现深度融合，具体表现出了图 5-7 所示的五大特点。

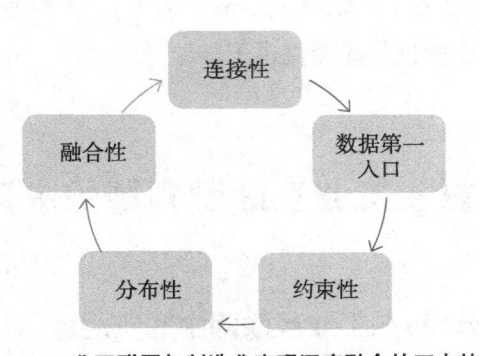

图 5-7　工业互联网与制造业实现深度融合的五大特点

（1）连接性。连接性是边缘计算的基础特性。因为连接对象与场景具有多样性的特点，所以边缘计算的连接功能要丰富，如要具备多元化的网络接口、网络拓扑、网络协议和网络部署等。为了做到多元化连接，边缘计算要借鉴时间敏感网络、无线局域网、SDN、NFV、NB-IoT 和 5G 等领域最新的研究成果。

（2）数据第一入口。支持数字世界与物理世界建立连接的边缘计算是数据的一个入口，拥有海量、实时、完整的数据，可以根据数据的生命周期对数据进行管理，为预测性维护、资产效率与管理等创新应用提供支持。但作为数据的一个入口，边缘计算在数据方面面临着很多问题，如数据的实时性、多样性、不确定性等。

（3）约束性。边缘计算设备主要用于生产现场，必须具备防电磁、防爆、防尘、抗电流波动、抗电压波动和抗震动等特性，以应对恶劣的生产环境。另外，在工业互联网环境中，边缘计算设备的功耗要低、成本要低、占地空间要小。总而言之，边缘计算设备要通过软硬件集成与优化适应各种约束条件，为行业数字化多场景应用提供有力的支持。

（4）分布性。边缘计算的部署具有分布式特征。边缘计算要能支持分布式智能与分布式计算、存储，并对分布式资源进行动态调整、统一管理。

（5）融合性。OT 与 IT 的融合为行业的数字化转型奠定了基础。作为 OT 与 IT 融合的承载体，边缘计算要为连接、数据、管理、控制、应用和安全等方面的协同提供支持。

5.3.2　边缘计算在工业互联网中的应用方向

智能手机的快速发展与普及对移动终端、边缘计算的发展产生了积极的推动作用，而万物互联、万物感知的智能社会的发展则离不开 IoT 的推动。在此背景下，边缘计算应运而生。

事实上，自动化是以控制为中心的，控制建立在信号的基础上，计算建立在数据的基础上，更多的时候指策略与规划。因此，自动化背景下的计算可以理解为调度、优化和路径。就像全国的高铁调度系统一样，每增减一班车次，调度系统就要进行一次调整，这种调整建立在对时间与节点的运筹、规划之上。在工业领域，边缘计算所做的就是此类计算工作。

简单来说，传统的自动控制建立在信号控制的基础上，而边缘计算就是基于信号的控制。也就是说，边缘计算就是在数据源附近建立集计算、存储和应用等功能于一体的开放平台，就近提供服务。边缘计算的应用程序位于边缘端，响应速度更快，可以满足行业的实时性要求。边缘计算位于物理实体与工业连接之间，或位于物理实体的顶端。当然，边缘计算不会完全取代云计算，云端仍然可以访问边缘计算的历史数据。随着工业现场的联网设备越来越多，边缘计算在智能制造领域的应用空间将越来越广。

从严格意义上来讲，工业互联网平台不仅是一个用户平台，而且是一个开发者平台，仅凭一家或几家企业很难将工业互联网发展到较大的规模。现阶段，之所以强调工业互联网，是因为工业互联网与传统的工业云有很大的不同，采用了微服务架构。微服务架构可以通过 API 支持不同的开发者进入、使用，容器技术则可以支持开发者使用不同的语言。

在微服务架构的支持下，一位机床领域的专家只需轻点一下鼠标就能将自己的数据上传，使用已经封装好的机器学习算法对数据、算法进行训练，开发一个可以对机床性能进行预测的程序，将其部署在边缘端，对现场情况做出有效判断。

目前，那些致力于构建边缘计算平台的企业正在尽量降低对专家的 IT 要求。近几年，边缘计算平台吸引了很多国际知名的云计算厂商布局，如通用电气、微软等，并取得了很多成果，如 Predix Machine、AWS Greengrass、Azure IoT Edge 等。

边缘计算平台的功能不仅包括数据收发，而且包括对数据进行智能化运算，产生可操作的决策反馈，对设备端进行有效控制等。

过去，这些运算只能在云端完成；现在，需要通过剪裁、合并等方式将云端的计算框架迁移到边缘计算平台，在边缘计算平台运行经过云端训练的智能分析算法。因此，边缘计算平台需要采用一种技术在由一台或多台计算机组成的小规模集群环境中将主机资源隔离，实现分布式计算框架下的资源调度。

现阶段，计算机编程技术愈发成熟，开发人员已经可以使用不同的编程语言为不同场景的问题提供解决方案。因此，边缘计算平台也要向多种开发工具开放，支持多种编程语言的运行，而这需要在边缘计算平台使用一种能够隔离运行环境的技术。

对边缘计算平台来说，容器化技术属于底层标准技术，是继主机虚拟化技术后最具颠覆性的计算机资源隔离技术。利用容器技术隔离资源不仅可以减少 CPU、内存和存储的额外开销，而且可以非常方便地对容器的生命周期进行管理，容器的开启、关闭只需几毫秒就能完成。

边缘计算在工业领域落地的核心问题是应用。IT 与 OT 的融合强调的是在 OT 侧的应用，这也是运营系统将要实现的目标。

5.3.3　边缘计算在工业互联网中的场景实践

目前，全球制造业正在经历一场数字化变革。在 IoT 的作用下，所有线上设备连接在一起，用户可以随时随地查看设备的运行状态。一些大型 IT 公司专门为此开发了一些应用，让用户可以实时获取制造数据。

IIoT 将采集到的生产设备、人、产品等方面的数据汇聚到云端计算平台，然后利用软件系统和机器学习技术对这些数据进行分析与预测，以便从中挖掘更多的商业机会。但是，随着 IoT 设备越来越多，需要传输的数据也越来越多，这给网络和云端带来了很大的压力。

为了缓解网络和云端的压力，一些 IT 公司推出了边缘计算产品，这些产品受到了很多工业企业的欢迎。边缘计算就近对 IoT 设备生成的数据进行处理，不再需要将数据发送到云端，从而减轻了网络传输的负担，提高了数据处理的效率。

边缘计算相当于一个小型的数据中心，可以存储与处理一些关键数据，并将所有接收到的数据发送到中央数据中心或云端。也就是说，边缘计算拓展了云的能力，将其计算、存储功能延伸到了工业现场，利用本地计算设备采集、处理数据，然后将数据传输到云端。

在具体的应用中，云端依然承担着绝大部分数据的存储与处理工作，边缘计算只是一种补充，这使 IoT 设备接入云端的效率得以大幅度提升。边缘计算在本地对数据进行初步处理，剔除没有价值的数据，减少了数据对中央存储资源的占用。在一般情况下，IoT 设备先将收集到的数据传送到本地设备，利用边缘计算进行处理，然后再将其中的部分数据传输到数据中心。

边缘计算在很大程度上降低了网络延迟，对时间要求较高的行业非常看重这一点。目前，边缘计算在工业领域的应用主要体现在图 5-8 所示的三个方面。

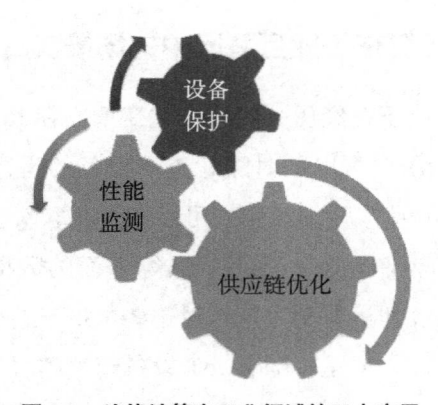

图 5-8　边缘计算在工业领域的三大应用

（1）设备保护。随着 IT 技术与工业技术的不断融合，工厂内的机器设备不断升级，具备了一定的计算能力。例如，智能水泵可以利用边缘计算进行一些基本的数据分析，设定系统安全阈值，如果水泵在运行过程中产生的数据超出了这个阈值，那么系统就会执行关闭操作。可见，引入边缘计算后，即便设备与云的连接中断，也不会影响设备的正常运行。

（2）性能监测。工厂整体产出在很大程度上取决于机器的运行效率。为了提高生产效率，工厂会对机器进行实时监控，利用边缘计算实时获取设备运行数据，及时解决设备运行过程中出现的问题。虽然数据分析可以在云端进行，但因为很多数据的价值转瞬即逝，等待云端决策很有可能会造成重大损失，因此，利用边缘计算对工厂传感器收集到的数据进行实时分析非常重要。

（3）供应链优化。要想提高工厂的运行效率，就要优化整个生产过程，对产品设计、材料采购、制造、销售和物流等各个环节进行分析。边缘计算可以在短时间内通过各种渠道获取数据，对这些数据进行整理与分析，以满足业务系统的供应链优化需求。

目前，已有很多厂商致力于边缘计算产品的研发，也推出了很多新产品，从芯片到终端，从各个环节推动边缘计算在工业领域各个场景的落地应用。

5.3.4　推动工业互联网边缘计算发展的策略

工业互联网应用的边缘端需要满足多种需求，包括支持多种网络接口、协议与拓扑，对业务进行实时处理，对数据进行处理与分析，具备分布式智能与安全隐私保护功能等。如果云端无法满足这些需求，就需要边缘计算与云计算在网络、应用、业务和智能等方面进行协同。将边缘计算引入工业生产现场非常重要，边缘计算是工业互联网落地的先决条件。

随着越来越多的硬件厂商致力于研发边缘计算产品，如边缘服务器、智能网关等，再加上 NB-IoT、LoRa①和 5G 等技术的发展，边缘计算将爆发式增长。目前，边缘计算的发展正处于技术创新的关键期与企业抢占主导权的机遇期。为了推动我国边缘计算的快速发展，相关企业和机构应该采取以下策略。

（1）持续推进理论创新，加速边缘智能、云边协同等核心技术研发，通过理论研究推动边缘计算技术体系的发展。在理论研究方面，要做好以下几项工作：一是要加强对边缘计算所需关键技术的研究，如虚拟化、软件定义机器、容器等；二是要致力于可跨越不同环境进行移植的统一轻量级操作系统的研究；三是要致力于适用于工业互联网边缘计算节点的轻量级算法、程序库、编程模型、开发框架和工具包的研究；四是要致力于可以制定工业互联网边缘侧计算的架构模型、部署方式等相关技术标准的研究；五是要加强对边缘计算与 AI 的融合的研究。

（2）突出应用引领，部署工业互联网边缘计算方案。边缘计算能否取得快速发展，在很大程度上取决于其在工业企业的应用。推动边缘计算在工业视觉、工业机器人控制等领域的率先试用，将以点带面地促进边缘计算的广泛应用。

---

① LoRa 是 LPWAN 通信技术中的一种，是美国 Semtech 公司采用和推广的一种基于扩频技术的超远距离无线传输方案。这一方案改变了以往对于传输距离与功耗的折中考虑方式，为用户提供了一种简单的，能实现远距离、长电池寿命、大容量的系统，以扩展传感网络。

（3）依托产业联盟，制定技术标准，做好开源软件开发。目前，边缘计算尚处于初级发展阶段，要想推动边缘计算健康、有序地发展，不仅要制定完善的标准，而且要提供面向工业互联网典型场景的开源软件，降低边缘计算的应用门槛，做好人才培养。这需要以产业联盟搭建的产业合作平台为依托，将产业联盟产业链完整、可实现快速迭代等优势充分发挥出来，制定统一的技术标准，做好相应的开源项目的开发，推动产业健康、有序地发展。

第6章

智慧城市：边缘计算让城市生活更美好

6.1　边缘计算在智慧城市建设中的实践路径

6.1.1　解决智慧城市建设面临的痛点

目前，在智慧城市建设方面，德国的柏林和西班牙的巴塞罗那被视为典范。对这两座城市进行深入研究可以发现，它们的共同特点是绿色、低碳、智能。在智慧城市中，这三者相辅相成、相得益彰。

智慧城市是城市化发展的高级阶段。智慧城市倡导创建宜居、舒适、安全的城市生活环境，推动城市综合管理、民生服务、经济建设等领域进行重大变革，促使城市实现感知、互联、智慧。要想实现这一目标，必须借助不断革新的相关技术。智慧城市建设涉及很多信息系统，需要对很多集成技术进行综合利用，并带动整个基础设施不断升级，为城市转型、产业升级提供强有力的支撑。

基础设施的智能化升级离不开 IoT 的支撑，而 IoT 离不开边缘计算的支撑。从铺设网络、安装传感器、搭建系统平台到数据采集，在智慧城市中，边缘计算的应用场景非常丰富。例如，在道路两侧的路灯上安装传感器，可以收集路面信息，检测空气质量、噪声水平等，路灯发生损坏时，传感器可以及时将该情况反馈给维修人员，以便维修人员立即前来维修；在电梯内安装传感器，可以对乘坐电梯的人员、电梯运行时间等信息进行收集，并将数据传送到云平台，让云平台通过数据分析排查电梯故障，优化电梯运营；在停车场安装传感器，便可以高效管理车位，司机借助第三方应用程序即可获知传感器发来的空闲车位信息。空闲车位信息收集和分析、车位的合理调度及停车场车位信息的及时获取共同构建了一个完善的系统，为解决城市停车难问题提供了有效的解决方案。

目前，上述场景只是设想，要想实现它们，还需解决以下几个问题。

（1）传统信息化工程建立在 IT 架构与治理模式的基础之上，而智慧城市建设需要引入业务操作技术。也就是说，在智慧城市的建设过程中，IT 部门要与 OT 部门紧密合作，首席信息官要考虑重建网络架构。

（2）传感器的数量越来越多，要想对这些传感器进行有效监控，从中获取有价值的数据，并对数据进行深入分析，就必须构建一套能够与传感器连接并对其进行管理的系统，将各种设备产生的数据导入该系统，保证数据本地访问的安全性。

在智慧城市中，OT 与 IT 的界限愈发模糊。OT 与 IT 本属于不同的领域，一直以来，这两个系统相互独立，所以很难在短时间内实现融合。在理想的情况下，移动设备控制系统要建立在 IT 基础设施之上，以推动智慧城市建设中的上述应用场景变成现实。

由此可见，在智慧城市建设中，构建移动设备的边缘计算系统至关重要。引入边缘计算的目的是提高网络边缘端的智能化程度，实现预测性维护。构建边缘计算系统是服务模式与商业模式未来的发展方向。但在当前的技术环境下，构建边缘计算系统面临着很大的挑战，因为边缘计算不仅要处理本地数据，为本地决策服务，而且要在异构环境中开展跨厂商、跨应用的集成与操作。

现阶段，作为 IoT 的重要支撑技术，边缘计算受到了各界的广泛关注。例如，华为聚焦于基础设施的效能管理与智能运维，围绕电梯与照明推出了 IoT 解决方案。此外，英特尔、ARM、软通动力、中国科学院沈阳自动化研究院和中国信通院等企业与机构也十分看好边缘计算的发展前景。

6.1.2　边缘计算推动智慧城市的落地

建设智慧城市必须考虑三大因素——绿色、低碳和智能，这三大因素相互作用、相辅相成。现阶段，对智慧城市建设来说，构建宜居、安全、舒适的城市生活环境是最重要的。

一座智慧城市必然涉及很多信息系统。要想做好智慧城市的建设工作，城市建设者与运营者就必须学会运用技术手段对这些信息系统进行优化与管理，开展信息化工程，推动智慧城市建设稳步前进。

除了信息系统，智慧城市还涉及很多 IoT 数据，城市建设者与运营者需要开展安装传感器、建设网络基础设施、搭建系统平台等一系列操作，而这一切都需要一个安全、可靠、高效的后端计算平台作为支撑。

任何一项技术与应用在从无到有的过程中都会面临很多困难，尤其是在初始方案制定阶段，智慧城市也是如此。智慧城市的构建需要以基于移动设备的边缘计算系统作为支撑。

作为一家人工智能企业，地平线自主研发了专用 AI 芯片及深度学习算法，为客户提供高清人脸识别摄像机与高性能视频结构化服务器，为边缘端 AI 计算的落地提供了强有力的支持，为智慧城市建设提供了高性能、低能耗、低成本的全栈式解决方案。

针对智慧城市的各个应用场景，地平线可以从各个维度提供多类型的产品与多层次的解决方案，这些解决方案覆盖了综合人像应用平台、视频大数据平台和车辆融合应用平台三大平台，可以有效推动人脸布控、静态人脸对比、交通违章监控、出入控制、视频结构化处理、大数据分析和人证合一等功能变成现实，为城市的安全运行提供保障。

地平线智慧城市解决方案具有低成本、可定制、多维度、低功耗、多层次等特点。目前，地平线已成功地为上海临港城市智慧交通建设、国内某大型机场智慧交通建设等项目提供了解决方案，其解决方案还在城市水务、国家级开发园区等场景实现了落地应用。

以上海临港区为例，临港区是上海科创中心的主体承载区，正在建设"国际制造城"。临港区规划面积为 315 平方公里，涵盖了六大功能区，是上海重点发展的一个区域。通过 AI 底层计算，地平线积极推动

AI 在临港区的各个应用场景落地，以构建良好的应用生态。在临港区交通建设过程中，地平线通过微卡口收集来往车辆的信息，并对这些信息进行智能分析与结构化处理，实现了交通管理的智能化。

6.1.3　边缘计算在智慧城市中的应用

目前，各国都在推进智慧城市建设，智慧城市逐渐从不成熟的概念落地成为现实的应用。在智慧城市建设浪潮中，科技行业、投资行业的领军企业发挥了强大的推动作用。

2017 年 10 月，Alphabet 旗下的 Sidewalk Labs 宣布与加拿大的多伦多市合作，对该城市一块荒废的滨水区进行改造，将其建造成高科技新区，并立志将这个项目打造成智慧、可持续与互联城市的典范。

该项目需要对 3.2 平方千米的工业用地进行改造。在改造过程中，IoT 发挥了至关重要的作用，成了开发、维护、发展可持续生活方式的重要支撑。在该项目中，智慧交通系统、实时空气质量监测、对公共设施使用情况进行衡量的智能仪表等场景创新所需的数据都放到了网络边缘端进行处理，而不是云端。

该项目的终极目标是将所有居民的环境管理、移动性、可访问性和安全相结合，这是一个由数字技术与数据技术共同支撑的场景。在该场景中，所有人的隐私安全都能得到很好的保障。

要想实现这一目标，就必须将响应速度从过去的分钟级提升到毫秒级，这需要边缘计算提供支持。为了将这个区域打造成"世界上可实现高度精准测量的社区"，Sidewalk Labs 设计的智慧城市改造方案涉及很多由边缘计算支持的创新，具体包括：

（1）支持小型机器人在建筑物地下室与街道间来回移动的通道；

（2）一个多源的区域供热与制冷系统，该系统可以排放多种废弃物，自由散热、自由制冷；

（3）数字化智能收集废品系统，该系统可以准确识别可回收与不可回收垃圾。

该项目提出的连接方案包括三部分内容：一是高速有线通信，二是利用低功耗的广域网技术建立的远距离、低带宽的连接，三是以 Wi-Fi 和蜂窝技术为基础构建的高带宽的无线通信。

在边缘计算的支持下，建筑规范也能得到有效改变。针对这个项目，Sidewalk Labs 提出了基于结果的新的建筑规范设计，要求该区域内所有的建筑都具备实时收集信息的能力，这些信息包括噪声水平、空气质量、建筑的能源消耗、建筑的照明情况以及建筑结构的完整性等。为了实现这一设计，Sidewalk Labs 为建筑配备了大量传感器，并与该城市的相关机构合作，在不违背现有规范的前提下共同推动项目落地。

在智慧城市建设中，边缘计算有两个典型的应用场景，一个是智能电梯场景，另一个是智能照明场景。边缘计算在智能电梯场景中的四大应用如图 6-1 所示。

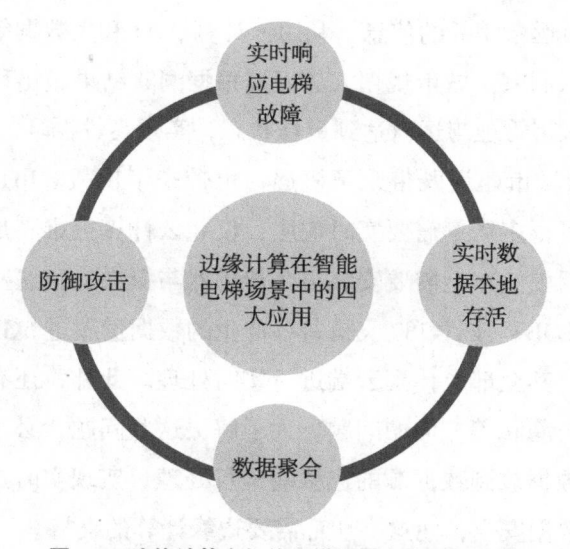

图 6-1　边缘计算在智能电梯场景中的四大应用

（1）实时响应电梯故障。为了保证电梯运行的安全，电梯解决方案供应商往往会在电梯内安装传感器，由传感器、App 和云端共同构成"梯联网"，形成数据传输链路。一旦该链路中断，传感器的边缘部件必须能够独立运行，而且必须具备计算能力，而这离不开边缘计算的支持。

（2）实时数据本地存活。在"梯联网"中，云端连接非常重要，一旦网络中断，边缘网关就要承担处理本地事务的任务，将数据实时存入网关，网络恢复后再将数据上传到云端处理。

（3）数据聚合。电梯传感器每天都会收集到海量的信息，将这些信息全部上传到云端处理不太现实。在这种情况下，边缘计算可以对其中的部分数据进行聚合处理，以减轻云端的负担。

（4）防御攻击。在"梯联网"中，在传感器的边缘部件上安装智能网关，即可对数据进行加密，对本地及云端的运行情况进行实时监测，对外部攻击进行有效防御。

未来，我国的城市基础设施将进一步实现 IoT 化，各种感知设备将进入交通出行、物流运输、工业制造、气象环保、健康养老和家居生活等领域，实时收集与城市运营相关的信息，利用云计算、AI 和大数据等技术对城市运行状况进行深入洞察。城市规划人员可以根据洞察结果做出科学决策，进行宏观调控，使城市管理与运营达到最佳状态，实现良性循环。

IoT 为智慧城市建设既带来了机遇，也带来了挑战。IoT 产生了规模庞大的数据，而且很多场景需要实时响应，仅凭云计算很难满足这些需求。例如，一辆自动驾驶汽车上需要安装很多传感器与摄像头，这些设备每秒产生的数据量可达 1GB；波音 787 飞机每秒产生的数据量超过 5GB。数据量如此庞大，不可能将其全部上传到云端进行实时处理。此外，还有很多场景需要考虑用户安全与隐私等方面的问题。为了解决这些问题，必须将传感器与摄像头收集到的数据放到数据源的边缘端进行处理，实现实时连接、集成与分析，切实保证数据安全，而这一切都需要边缘计算的支持。

6.1.4　边缘计算在智慧水务中的应用

水是生命之源，供水体系是城市中必不可少的基础设施。为了保证城市居民的用水安全，保证供水体系的正常运行，水务企业与相关管理部门不得不投入巨大的人力、物力定期检测水质。近年来，水务企业与相关管理部门考虑将 IoT 技术引入供水系统，利用 IoT 对供水系统进行检测、管理与维护，提高工作效率，降低运维成本。不过，将 IoT 技术引入供水系统并非易事，不仅需要安装传感器，而且需要解决很多问题，如业务实时性、数据优化、安全隐私保护和应用智能性等，而边缘计算可以为这些问题提供有效的解决方案。

"2017 边缘计算产业峰会"于 2017 年 11 月在北京召开。在这次峰会上，华为与上海威派格智慧水务公司宣布，双方将发挥各自的优势，共同致力于建设数据驱动的城市智慧供水设计制造一体化平台。华为将为该平台建设提供 EC-IoT 解决方案，威派格将为该平台建设提供智慧供水管理平台，双方将共同推动供水行业走上数字化转型之路。

◆ 破解水务企业数字化转型的难题

在国内的水务企业中，威派格引入 IoT 的时间早于其他企业。在 2012 年，威派格就开始对各种设备进行 IoT 化改造，包括水务设备、城市的加压泵站，以及水厂、管网、水质在线监测系统等。

在改造的过程中，威派格发现公司使用的仪表类型多样，采集到的数据很难进行标准化整合。以水表为例，不同厂商生产的水表使用的是不同的软件，数据采集标准不统一，采集到的数据也不一样。当水表出现故障时，很难进行自动诊断。除了水表，其他设备也存在类似问题。

在 IoT 环境下，所有设备数据都要上传到云端进行处理，如果数据标准不统一，就会大幅度增加数据解析的时间与成本。同时，要将全部采集到的数据上传到云端进行处理，这对网络提出了更高的要求，要求网络带宽大、低时延。另外，在 IoT 环境下，数据被泄露的风险和安全隐患增加。仅依靠传统方案是很难解决这些安全问题的，因此，智慧水务必须制定更灵活、更完善的安全策略。

华为与威派格合作，以 EC-IoT 为基础构建了智慧水务解决方案，该方案将边缘计算与云管理相结合，从而构建了系统完善的智慧水务行业 IoT。在底层，华为边缘网关 EC-IoT 将不同的数据采集终端串联在一起，所有上传到云端的数据都符合威派格定义的标准。如此一来，数据在底层就实现了标准化，上层解析与数据管理就会变得更加简单。同时，该智慧水务系统还引入了边缘计算，将很多分析与计算工作转移到边缘端完成，只上传分析结果，大幅度减少了数据传输量、云端存储的数据量。另外，为了解决安全问题，华为边缘网关 EC-IoT 引入了很多安全策略，切实保障了端到端的数据安全。

华为与威派格合作开发的智慧水务解决方案不仅可以帮助水务公司实时监测供水质量，而且能缩短故障判断时间，降低故障发生概率。据统计，该解决方案可以使故障判断时间缩短 70%，使故障发生率降低 60%。

◆ **物联网与边缘计算碰撞出的生产力**

EC-IoT 解决方案的三大优势如图 6-2 所示。

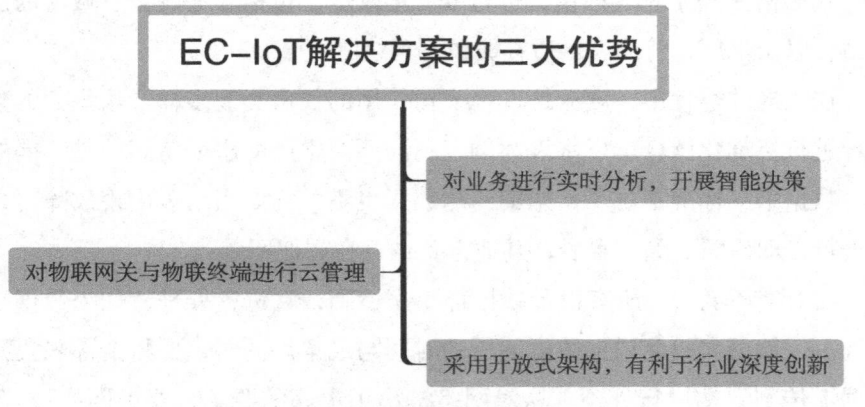

图 6-2　EC-IoT 解决方案的三大优势

（1）EC-IoT 解决方案创造性地将边缘计算引入 IoT，在距离数据源最近的网络边缘端部署边缘计算网关，该网关集网络、计算、存储和应用等功能于一体，可以对业务进行实时分析，做出智能决策。

（2）EC-IoT 解决方案利用敏捷控制器对物联网关与物联终端进行云管理。在云管理模式下，EC-IoT 解决方案可以对 IoT 进行全生命周期管理，管理过程涵盖 IoT 规划、部署、运维等各个环节。同时，EC-IoT 解决方案与可视化管理组件、全网状态实时监控、业务自动化部署等相结合，使业务上线时间大幅度缩短，业务运营成本大幅度降低。另外，在云管理开放平台的支持下，客户可以自主开展远程预测性维护、运营增值业务等，使行业价值链不断拓展，这对整个水务行业的智能化、服务化转型产生了积极的推动作用。

（3）采用开放式架构，有利于行业深度创新。EC-IoT 解决方案为水务企业提供了丰富的开放接口和通用协议，可供不同合作伙伴的应用系统对接，不仅可以应用于更多的应用场景，而且可以在此基础上对 IoT 应用进行深度定制。

华为与威派格合作开发的新型智慧水务解决方案，将供水设备、各种传感器通过边缘网关连接在一起，利用可以对百万台设备进行管理的敏捷控制器对设备、计算资源与应用进行管理，并通过开放接口与威派格的智慧供水管理平台建立连接，对供水设备的运行数据进行实时采集，然后借助云端大数据分析平台对供水设备进行预防性维护，延长了供水设备的正常运行时间，切实保障了城市的供水安全。

6.1.5 【案例】软通动力：城市云服务解决方案

软通动力是 ECC 的核心成员，在智慧城市建设领域积累了丰富的经验。从技术层面来看，软通动力聚焦于边缘端的数据域、应用域和云端应用。

软通动力有四大业务板块，智慧城市服务就是其中之一。凭借多年来在智慧城市建设领域的创新与实践，软通动力很早之前就提出了利用云计算构建智慧城市的综合解决方案——城市云。

城市云是一个异构混合云，包含图 6-3 所示的三部分内容。

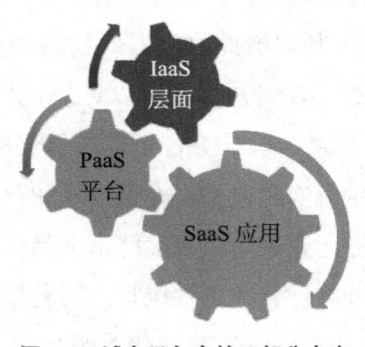

图 6-3　城市云包含的三部分内容

（1）IaaS 层面。城市云提供了一系列基础设施，包括可扩展的计算、存储设备与网络等，不仅降低了 IT 基础设施的建造成本，而且避免了重复建设。

（2）PaaS 平台。城市云面向开发者与合作伙伴建设了 PaaS 平台，该平台解决了"信息孤岛"问题，让部门之间、企业之间、行业之间的数据与应用实现了互通、共享。此外，该平台还能切实保障数据安全。

（3）SaaS 应用。城市云通过访问云端的 SaaS 应用逐渐积累、沉淀城市大数据，通过对大数据进行洞察分析，为城市提供运营服务与增值服务。

现阶段，在智慧城市建设中，云平台是最基础的 AI 支撑平台，几乎承担了所有的数据存储与处理工作。

在底层 IoT 支撑平台建设方面，软通动力选择的是华为的 IoT 云平台与边缘计算网关。该平台支持广泛连接，不仅可以满足系统在边缘端对及时响应、智能响应的需求，而且能为因技术标准不统一而引发的"技术孤岛"问题提供有效的解决方案。

软通动力将环保作为切入点，打通了平台升级的技术路径。目前，环境问题是困扰监管机构的一大难题。为了解决这个问题，监管机构必须实时监测各种污染源，发现问题后要及时预警，并采取积极行动。若有必要，监管机构还要开展预测性分析，提前采取防范措施。

借助智慧环保解决方案的改造升级，软通动力构建了一个技术路径。该技术路径涵盖设备、边缘网关和云端三个节点，目的是为更多应用场景进入 IoT 平台解决技术难题。随后，软通动力以这个既能支持云计算，又能支持边缘计算的 IoT 平台作为支撑，构建了整座城市的智慧应用场景。

通过在前沿领域的不断探索，软通动力发现，将云计算与边缘计算的技术架构相结合，可以解决很多的问题。在理想状态下，云计算与边缘计算既相互独立，又相互配合，具体表现在以下几个方面。

（1）将计算能力、网络能力和存储能力从云端向边缘端延伸。

（2）云端负责管理，边缘端负责业务应用。

（3）云端利用机器学习对规则进行训练，训练好之后将规则推送到边缘端，然后在本地执行。

在此模式下，边缘端要具备很多业务逻辑执行能力，云端要引入 AI 技术进行管理与协同。未来，前端设备的种类将愈发丰富，这些设备需要在没有人工干预的情况下互联互通。要想做到这一点，仅凭程序员提前对数据类型、业务逻辑进行预判，根据预判结果编写一段程序是不够的。而且，这些种类繁多的前端设备未来都需要维护与升级，如果完全依靠人工干预，那么工作量会大到无法想象。

6.2　智慧安防：开启智能安防监控 2.0 时代

6.2.1　"边缘计算 + 智慧安防"的优势

近年来，云计算市场中的争夺战愈演愈烈。国外的亚马逊、谷歌、微软等企业和国内的阿里巴巴、百度、腾讯等企业，纷纷在云计算领域投入了大量资源，"企业上云"已经成为共识。在此背景下，安全、高效的边缘计算受到了各界的广泛关注。

边缘计算有很多典型的应用场景，视频监控就是其中之一。在视频监控领域，如果说云计算开启了 1.0 时代，那么边缘计算就开启了 2.0 时代。

视频监控系统是一个前后端分明的 IoT 系统，前端的核心设备是摄像机，其主要功能是采集数据。目前，在各种先进技术的支持下，摄像机已经从开始的"看得见"发展为"看得清"。接下来，摄像机要向"看得懂"转变。为了做到这一点，整个行业都在努力赋予摄像机实时处理视频图像的能力。如果这一设想成真，将大幅度减轻信息传输系统与后端设备的工作负担，整个安防系统的响应速度将大幅度提高，"事前预警，事中制止，事后复核"的安防理念将真正实现。

以人脸识别应用为例，通过前端抓拍与中心分析相结合，将人脸识别智能算法前置，将高性能的智能芯片植入前端的摄像机，借助边缘计算在前端完成人脸识别抓图，就能使中心的计算资源得以释放，将更多的优势计算资源集中在一起进行高效分析。具体来看，在智慧安防领域，边缘计算可以发挥图 6-4 所示的两大作用。

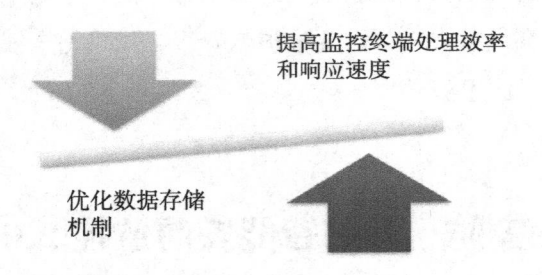

提高监控终端处理效率和响应速度

优化数据存储机制

图 6-4　边缘计算在智慧安防领域发挥的两大作用

◆ **提高监控终端处理效率和响应速度**

视频监控对计算能力及资金投入提出了极高的要求。随着图像识别及相关硬件技术的发展，安防企业已有足够的能力在视频监控终端建设智能安防，为云计算模式下终端响应不及时、功耗高等问题提供解决方案，满足安防业务对实时性、隐私及安全保护等方面的要求。

引入边缘计算后，视频监控将变被动监控为主动分析，无需再依靠人工完成海量的监控数据分析工作，不仅提高了数据处理效率，而且降低了人工成本。进一步来看，边缘计算通过对视频图像进行预处理，去除冗余信息，将视频分析转移到边缘端，从而降低了对云端计算能力、存储能力及网络带宽的要求，使视频分析速度大幅度提升。此外，使用边缘计算对视频图像进行预处理还可以采用软件优化、硬件加速等方法，切实提高视频图像分析的效率。

◆ 优化数据存储机制

监控系统的智能化程度深受存储环节的影响。随着深度学习技术的迅猛发展，企业必须做好基于行为感知的视频监控数据弹性存储机制与监控场景行为感知数据处理机制的构建工作。

借助边缘计算，视频监控系统可以实现预处理，工作人员可以对视频中行为主体的行为特征进行实时提取与分析，并利用基于行为特征的决策功能对视频数据进行调整，减少无效视频存储，增加"事中"证据类视频的存储，提高证据的可信度，以及视频存储空间的利用率。

在未来的视频监控中，边缘计算是非常重要的组成部分。边缘计算可以对视频图像进行预处理，减轻云端的存储负担，使视频分析速度得到切实提升。需要注意的是，视频监控引入边缘计算的目的不是取代云计算、取消云端，而是通过分布式的架构拓展云端的边界，缩短云端与用户网络之间的距离，满足新应用对网络等待时间与带宽等方面的要求。

2018 年 12 月，华为智能计算大会召开。在此次会议上，华为宣布自己的智能计算将与华为的四大能力相结合，通过芯片创新、技术创新满足客户对计算能力的期待与要求；通过创建云计算与边缘计算的协同架构，辅之以高带宽、低延迟、无缝的网络覆盖，使数据协同与互通变成现实；利用一体化的解决方案降低 AI 的应用门槛，将 AI 打造成像水和电一样随时可用的基础设施。

此外，海康威视大力倡导由云中心、边缘域和边缘节点构建的 AI Cloud架构，使"边缘计算 + 云计算"贯穿从端到中心的整个过程，这在很大程度上提高了图像目标细节传输效率与数据分级应用的灵活性。

目前，边缘计算不仅在视频监控领域得到了应用，而且在智能制造、智能抄表和能效管理等领域得到了广泛应用。近两年，随着终端芯片的落地，智慧城市建设所涉及的各种终端设备将实现智能化升级，边缘计算也将随之步入全新的发展阶段。

6.2.2 "边缘计算 + 智慧安防"的应用场景

最初，智能安防系统只是利用前端摄像头采集数据，将采集到的数据传送到后端服务器、云端或网络硬盘录像机中，然后利用云计算对这些数据进行智能分析。

近年来，视频数据量的猛增，传输海量视频数据要求增加网络带宽，而网络带宽的增加势必会增加成本。面对这一问题，安防行业开始将目光转向了边缘计算与边缘存储，寻找新的解决方案。从目前的应用情况来看，边缘计算在安防监控领域具有广阔的市场空间与应用前景。

目前，所有需要采集图像，对图像数据进行处理、分析的场景都需要安装摄像头，摄像头就是安防行业一大核心终端设备。因为可以就近计算，所以边缘计算可以对人脸数据、生物识别、人群分析和车辆识别的结果进行快速处理，原本需要部署昂贵且笨重的硬件设备的场景无须再部署这些设备，成本得以大幅度降低，智能场景的落地效率与复制速度得以大幅度提升，安防场景的落地速度将越来越快。

边缘计算在安防行业的落地场景有很多，大致可以分为以下两种。

（1）私有网络。边缘计算在私有网络的应用方案是边缘存储私有化与边缘计算私有化相结合。该方案可以切实保证内网数据的私密性和安全性，同时也可以打开网络出口，在公网备份数据，在本地计算资源不足的情况下可以打开公网出口，利用中心计算资源对数据进行处理。

（2）互联网。在互联网中应用边缘计算需要解决以下几个问题。

① 链路质量问题。这一问题主要表现为，设备到计算中心机房的通信延迟问题和网络链路不可靠问题。

② 私有协议和利旧^①问题。很多安防领域原本就有监控设备，这些监控设备不一定支持做嵌入程序升级。因此，很多厂商生产的监控设备需要支持非标准的多媒体协议。

③ 资源成本问题。如果将本地摄像头采集到的视频数据全部上传到云端进行处理，那么云端的存储空间就会被很多没有价值的视频数据占用。如果能在本地对摄像头采集到的视频数据进行初步处理，剔除没有价值的视频数据，就能大幅度减少存储空间的浪费。

④ 传输时效问题。这一问题主要表现为，在监控历史数据迁移的过程中，长距离的数据传输往往会产生极高的时间成本。

⑤ 隐私安全问题。一些公共网络非常容易被侵入，导致个人隐私数据被泄露。

综上所述，在引入边缘计算后，安防行业的运营成本、丢包率、业务延迟会有所下降，带宽利用率、隐私安全保护程度会有所提升。目前，针对边缘计算在智能安防领域的应用，已有企业提出完整的解决方案，包括流式上传、倍速播放、去 SD 卡化、边缘智能分析等，它们将为安防行业赋能，让安防行业真正享受到边缘计算所带来的各种好处。

6.2.3 "视频云＋边缘计算"的协同模式

现阶段，平安城市已进入基于 IoT 的视频大数据和多维感知系统建设、

---

① 利旧，即充分利用旧有资源，达到节约资源的目的。

应用阶段。在此阶段，平安城市的技术架构逐渐实现了云化，以期为规模化、业务复杂化所产生的一系列问题提供有效的解决方案。

在平安城市建设中，视频数据的应用场景完全不同。视频流媒体的数据多为非结构化数据，具有不间断传输、大带宽持续存储、多节点性能聚合、大规模视频智能解析、布控业务实时响应与处理、动态监控跟踪、视频流媒体生命周期管理与抽帧存储、视频录像与结构化数据联动检索等特性，所以仅利用虚拟化技术，核心流媒体业务的规模化分析处理问题不仅得不到有效的解决，而且会造成极大的资源浪费。

而且，视频处理需要不间断地进行。在这种情况下，虚拟机热迁移、虚拟机内存复用等特性找不到合适的应用场景。现阶段，针对平安城市建设，很多 IT 厂商提出了平安城市 IT 云计算建设方案，但这些方案的落地模式非常简单，只是将虚拟机与第三方应用软件相结合使用。

未来，在所有的网络流量中，视频业务流量的占比将达到 75%。随着"雪亮工程"的推进，政务网数据中心开始向两个方向演进：一个方向是"一个基础业务中心 + 一个视频业务中心"；另一个方向是"一个基础业务网络 + 一个视频业务网络"。在这种情况下，亟须专门面向视频业务、海量流媒体创建一个场景，并将其与视频云平台相结合，引入相应的视频与 IoT 业务场景化的 PaaS 能力。

传统云计算的关注点是对集中部署与集中处理进行计算，而平安城市关注的是计算资源与视频感知数据处理的前端化与边缘化。为此，平安城市创建了"视频云 + 边缘计算"的协同模式。

视频云立足于视频应用的特点，自上而下地对视频 PaaS 层进行设计，分级、分中心地导入视频，接入多维异构 IoT 设备，对视频和设备进行管理，实现流媒体转发与存储，开展大规模智能解析，对 IoT 收集到的数据进行在线分析。视频云是可以真正实现视频业务感知的云平台，支持视频全行业共享、点播与直播。视频云可以对 IoT 场景中的数据进行多维感知与挖掘，推动大数据的应用落地。

边缘计算 AI 节点利用边缘节点的智能分析和应用处理功能，既可以减少对网络资源及中心资源的占用，还可以有效满足布控比对、分析预警等实时业务和区域应用的需求，通过计算边缘化、数据边缘化降低数据中心故障给整个体系带来的风险，实现去中心化，降低大型视频应用对数据中心的依赖。

开展边缘计算建设时要充分考虑分局机房、派出所机房和运营商区域机房等区域的边缘节点，就近对视频数据和其他数据进行存储、清洗与分析，将处理后的数据存储到市局的视频云中心，从而降低源源不断的视频流对数据中心的要求。在布控比对方面，边缘节点的效率远远高于完全集中模式。随着前端节点能力的升级，边缘节点设备（如 AI 相机）将逐渐担负起社区等封闭场景的重点人员比对与白名单人员分析等工作。

随着 AI 芯片的发展以及深度学习框架的成熟，视频的深度精细化分析将不断前置，逐渐实现边缘化。边缘计算与视频云的协同将逐渐契合 IoT 的以下四大特点。

（1）全计算：全场景无所不在的解析处理。

（2）全智能：全场景无所不在的业务智能。

（3）全感知：泛在场景化的感知，多维数据的采集与分析。

（4）全业务：IoT 多维感知数据平台支持全业务应用开展。

6.2.4　边缘 AI 在智慧安防领域的应用

近年来，芯片技术不断发展，尤其是专门面向视觉处理设计的终端芯片（如 Movidius）不断完善，针对神经网络算法的计算能力不断提升，智能算法逐渐从后端迁移到前端，前端产品实现了迅猛发展，上游芯片厂商的布局很好地印证了这一趋势。

在 AI 芯片领域，继英特尔推出 Movidius、英伟达推出 Jetson 系列之后，国内很多芯片厂商也推出了内置 AI 模块的芯片。例如，2018 年 4 月，海思推出了 4 款集成专用 AI 处理单元 AI Engine 的芯片。在 2018 年 10 月 23 日到 26 日召开的"2018 中国国际社会公共安全产品博览会"上，地平线首次展示了"地平线 XForce 边缘 AI 计算平台"，该平台建立在旭日 2.0 的基础上，主芯片是 Intel A10 FPGA，功耗为 35 瓦，具有视频人脸识别、人体分割、肢体检测等功能；比特大陆展示了第一款 28 纳米的边缘 AI 处理器 BM1880，该处理器可以搭载到安防智能摄像机、安防 USB 人工智能模块等产品上；云天励飞展示了一款 AI 芯片 Deep Eye 1000，该芯片使用 20 纳米工艺，具备 2TFlops 的 AI 算力，主要用于安防人脸识别。

由此可见，我国在终端芯片领域已经取得了一定的成果，推动边缘计算落地应用已刻不容缓。边缘计算可以承担部分计算任务，分担云端的计算压力，在一定程度上解决 IoT 高频、碎片计算以及传输与回源带来的延迟、网络拥堵等问题，打破网络带宽传输能力对 AI 时代多场景应用落地的限制。

在 IoT 时代，将边缘计算与视频监控技术相融合，构建基于边缘计算的新型视频监控应用的软硬件服务平台，可以切实提高视频监控系统前端摄像头的智能处理能力，使安防真正实现"事前预警，事中制止，事后复核"。

在边缘计算模式下，云中心的数据来源非常广，不仅要从数据库中收集数据，而且要从传感器、智能手机等边缘设备中收集数据。这些设备涵盖了数据生产者与数据消费者，因此终端设备与云中心之间的交互是双向的。边缘设备不仅可以向云中心发送请求，要求其提供内容与服务，而且可以自主执行部分计算任务，例如，对数据进行存储与分析、对设备进行管理、进行隐私保护等。

在 IoT 前端设备应用边缘计算方面，视频监控摄像头最具代表性。在传统的视频监控系统中，前端摄像头的计算能力较低，这降低了整个视频监控系统的智能处理能力。如果采用云计算进行智能分析，虽然可以弥补视频监控系统智能处理能力的不足，但又会产生延迟的问题，无法实现实时预警。

要想解决这一问题，就要将边缘计算引入视频监控，利用边缘计算构建新型视频监控应用的软硬件服务平台，切实提升前端摄像头的智能处理能力。从本质上来看，边缘计算与视频监控技术的融合就是构建一种基于边缘计算的视频图像预处理技术，通过对视频图像进行预处理，去除冗余信息，在边缘端完成部分视频或全部视频的处理工作，以降低对云中心计算能力、存储能力的要求，降低对网络带宽传输能力的要求，提升视频分析效率。另外，预处理使用了软件优化、硬件加速等方法，使视频图像的分析效率得以大幅度提升。

近几年，边缘计算的应用场景愈发丰富。除了视频监控领域，边缘计算还在智慧照明、电梯联网、智能制造、智能抄表和能效管理等领域得到了广泛应用，使公共基础设施的利用率得以切实提升，故障率大幅度下降，有效维护了公共安全，在智慧城市建设方面发挥了强有力的推动作用。

例如，在安防领域，海康威视与 Movidius 合作研发了一款全局摄像机，这款摄像机搭载了 Movidius Myriad 2 Vision 处理器；大华股份研发的一体化摄像机"灵瞳"采用 Movidius 方案，支持 8 种人脸属性、8 种人体特征、10 000 人脸库进行实时比对，可以实现全景统筹、细节捕获；触景无限科技公司利用 Intel-Movidius VPU 模块，推出了一系列嵌入式 AI 解决方案，该方案涵盖了瞬视人脸检测系统、盾悟嵌入式人脸识别系统等。

商汤科技利用高性能计算对深度学习人脸识别算法进行优化，构建了底层算法最优解决方案，利用英伟达 Jetson TX1 芯片打造了 Sense Embed 嵌入式解决方案；旷视科技（Face++）和英伟达合作研发了一款全新的 AI 算法处理器 MegBrain-M1001，这款 AI 算法处理器是基于 MegBrain-M1001 平台开发的，并行处理计算能力十分强大，可以流畅运行 Face++ 人脸识别算法，推动人脸识别整体解决方案落地。

6.2.5 【案例】地平线：智慧安防领域的独角兽

地平线是一家全球领先的 AI 创业企业，但它在安防领域还属于一家新兴企业。自 2017 年年底发布 AI 视觉芯片"旭日 1.0"后，地平线在智能安防领域快速崛起，实现了快速发展。

2018 年，地平线先后推出了人脸抓拍网络摄像机解决方案、人脸识别网络摄像机解决方案、XForce 边缘 AI 计算平台以及以 XForce 边缘 AI 计算平台为基础的智慧城市解决方案。这些解决方案一经推出，就在平安城市、智能交通等智慧城市建设领域实现了广泛应用，取得了很好的成绩。在智慧安防领域，地平线已经成为一家"独角兽"企业，并取得了诸多成就，具体如图 6-5 所示。

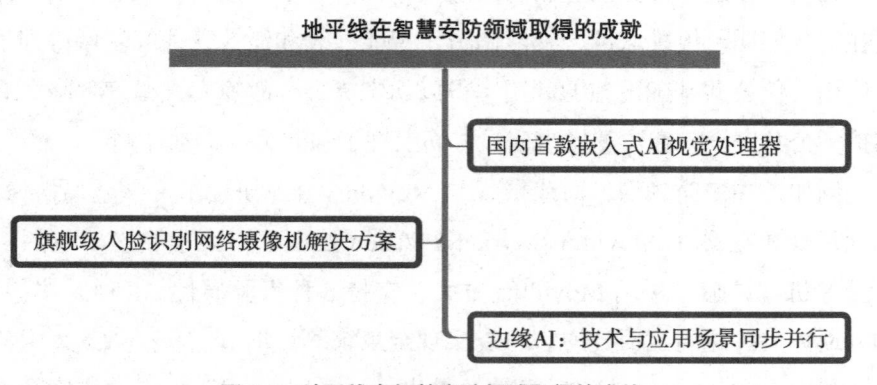

图 6-5　地平线在智慧安防领域取得的成就

◆ 国内首款嵌入式 AI 视觉处理器

2017 年年底，地平线发布了国内第一款嵌入式 AI 视觉处理器，这款处理器具有高性能、低功耗、低时延的特点。其实，在 2017 年年底，地平线还推出了两个系列的嵌入式 AI 视觉处理器，一个是面向智能驾驶的征程系列，另一个是面向智能摄像头的旭日系列，并分别推出了"征程 1.0"和"旭日 1.0"两款芯片。这两款 AI 视觉处理器使用的是地平线的高斯架构，不仅具备地平线原有的算法创新、硬件设计协同等优势，而且能提供集算法、芯片与云计算于一体的完整的解决方案。

其中，"旭日 1.0"芯片使用的是国际领先的深度学习算法，可以在前端进行大规模的人脸检测跟踪，对视频数据进行结构化处理。与传统摄像头解决方案的不同之处在于，地平线嵌入式 AI 解决方案降低了对网络带宽及存储空间的要求。对安防行业来说，这一点至关重要。

◆ 旗舰级人脸识别网络摄像机解决方案

2018 年，地平线推出了一款旗舰级的安防监控产品——高清智能人脸识别网络摄像机，还推出了使用这款摄像机作为前端的解决方案。这款摄像机使用"旭日"嵌入式 AI 处理器，不仅可以在本地完成数据处理，而且具有人脸抓拍、特征抽取、人脸特征值比对和识别等功能。用户可以自行对摄像头采集到的数据进行处理与转化，完成多目标定位监测、多目标轨迹分析、多目标识别、行人属性分类等任务。

这款摄像机可以完成 50 000 人脸库级别的人脸识别，在对每秒 30 帧的1080p 视频进行处理时，每帧可以对 200 个目标进行跟踪、识别，准确率高达 99.7%。安防监测系统使用这款摄像机作为前端之后，将摄像机采集到的数据回传到服务器进行处理不需要太大的网络带宽，这降低了系统部署成本与运营成本，有利于安防方案实现大规模部署。

◆ 边缘 AI：技术与应用场景同步并行

一直以来，地平线致力于自主研发 AI 芯片和算法软件，聚焦于智能驾驶、智能城市、智能零售等场景，为用户提供开放的软硬件平台与应用解决方案，赋予多种终端设备 AI 能力，包括感知能力、交互能力、理解能力和决策能力，为人们的生活带来更多便利，提供更多的安全保障，增添更多的趣味性。

为了推动智能安防与智慧城市的建设，地平线与合作伙伴一起面向这些应用场景研发解决方案。目前，与地平线建立战略合作的企业有很多，包括国家级开发区、国内一线制造企业、家居生活广场、现代购物中心和知名品牌店等。此外，地平线还积极构建开放的嵌入式 AI 产业生态，与产业上下游企业开展合作，共同发展。

从技术层面来看，在 AI 领域，地平线积累了丰富的技术经验。地平线拥有全球领先的深度学习和决策推理算法开发能力，在嵌入式 AI 处理器及软硬件平台构建方面实现了算法的集成应用，面向智慧城市、智慧零售和智慧驾驶构建了一套"算法＋芯片＋云"的解决方案。在智慧安防与智慧城市领域，地平线推出了嵌入式 AI 视觉处理器、人脸识别网络摄像机解决方案、基于边缘 AI 的智慧城市解决方案，不仅降低了智能安防产品搭载 AI 技术的门槛，而且提高了产品的稳定性，推动了整个行业的转型升级。

在深耕 AI 领域的过程中，地平线研发了创新性的 AI 产品与解决方案，加快了技术转化，推动了这些技术在平安城市、智能交通以及"雪亮工程"等智慧城市建设场景中的应用。

6.3　智慧能源：实现能源产业创新升级

6.3.1　智慧能源：能源行业数字化升级

2016 年 11 月 17 日，国家能源委员会召开会议，会议审议通过了《能源发展"十三五"规划》，拉开了能源行业调整升级的序幕。

在能源行业新一轮的调整与变革过程中，企业要想借势发展，就必须做到三点：一是要够快，二是要够节省，三是要够安全。具体来说，企业要在生产运营过程中提高效率，节省更多的成本，并保障安全。要想做到这三点，企业必须进行数字化转型，而这离不开边缘计算的支持。

很多人都在思考，传统能源产业的未来发展如何？传统能源产业要向什么方向发展？

在回答这些问题之前，我们先看两个案例。

【案例 1】九江石化

九江石化于 1975 年开始筹建，1980 年建成投产。20 世纪 90 年代后期，在大化肥项目投产后，九江石化开始亏损，甚至曾一年亏损 19

亿元。在石化集团中，九江石化的经济效益一直排在后几名，1 吨原油只能提炼出 75% 的成品油，设备温度需要工作人员用手感触，凭经验判断。这样一家传统的能源企业是如何改头换面、扭亏为盈的呢？

为了解决上述问题，九江石化建设了智能工厂，劳动生产率提高了 10% 以上，操作平稳率提高了 5.3%，操作合格率提高到了 100%，1 吨原油可提炼的成品油率提高到了 82%，产出率提高了 7%，管理效率也有了大幅度提升。与过去相比，九江石化增加了很多设备，炼油能力成倍提高，但员工总数却减少了 12%，班组数量减少了 13%，外操室数量减少了 35%。经过一番调整，九江石化的年产值突破百亿元。

【案例 2】尼日利亚 Ikeja Electric 公司

近几年，尼日利亚在能源发电、输电、配电、可再生能源等领域投入了巨额资金。作为尼日利亚最大的配电公司，Lkeja Electric 公司面临着监管难、线损高、电费收缴难、电费拖欠严重等问题。例如，电费收缴工作需要人工抄表，核算、保障和投诉等业务很难顺利开展。在这种情况下，Ikeja Electric 公司应该如何强化监管呢？

为了解决能源使用效益问题，Ikeja Electric 公司部署了华为的智能抄表系统，日抄表成功率提高到了 100%，抄表业务可以开展双向通信，线损率降至 14%，电费回收情况有所好转，用户满意度也有了大幅度提升。

目前，很多能源企业都希望借助快速发展的信息技术，通过数字化转型提高经济效益。但是，其中的大多数企业既不知道什么是数字化，也不清楚如何进行数字化改造。因此，主管部门、相关专家、解决方案提供商要与能源企业合作，搭建一体化应用对接平台，促使能源行业借助 5G、边缘计算、大数据、IoT 等技术实现可持续发展。

能源企业很难在短时间内完成数字化转型，因为任何一套数字化转型方案形成后都需要一段时间进行优化与完善。在数字化转型的过程中，能源企业在确定数字化转型目标之后，要选择一家优秀的解决方案提供商作为战略合作伙伴。

那么，能源企业应该如何选择战略合作伙伴呢？首先，战略合作伙伴必须具备自主核心技术，可以提供优质的产品与服务；其次，战略合作伙伴必须具备可持续发展能力；最后，战略合作伙伴的企业文化、发展理念要与能源企业的企业文化、发展理念有相通之处，可以作为能源企业长期的战略合作伙伴，而不是普通的产品供应商。

6.3.2 预测维护：实现能源安全管理

强势崛起的边缘计算将为能源行业的数字化转型提供有力的支持。具体来看，边缘计算在能源安全管理领域的应用如图 6-6 所示。

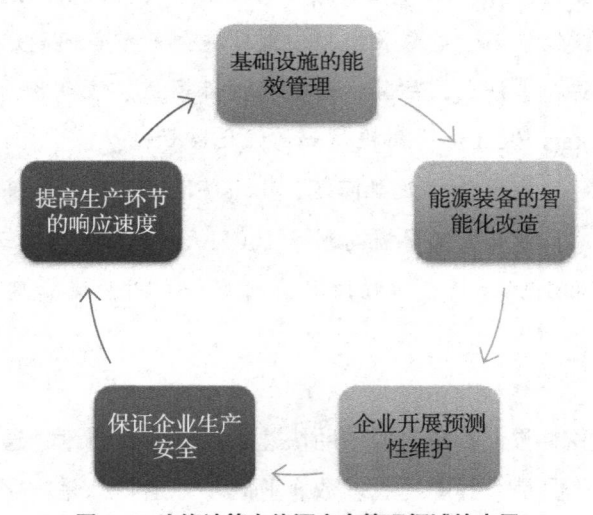

图 6-6 边缘计算在能源安全管理领域的应用

在公共基础设施的能效管理、智慧能源、智能制造等领域，边缘计算已得到了成功应用。例如，在路灯管理方面，传统路灯照明的能耗非常大，运维管理成本极高，这些都不符合智慧城市的建设要求。为了改变这一局面，华为在捷克路灯改造项目中应用了边缘计算，使路灯的运营成本降低了90%，节能效率提高了80%。

边缘计算能用于能源装备的智能化改造，提高生产效率，保证装备维护效果。相关数据显示，如果全球油气行业能利用 IT 技术将泵的性能提高 1%，原油的日产量就能增加 50 万桶，这能为整个行业带来每年 190 亿美元的额外收益。另外，利用边缘计算，企业还能开展预测性维护，将安全事故消灭在萌芽状态，保证生产安全。目前，阿帕奇公司已经利用边缘计算来预测油泵故障，生产损失得以大幅度减少。

边缘计算不仅能提高企业的生产效率，而且能保证企业的生产安全。过去，保证企业生产安全的方法不外乎强化管理、增强管理者的责任意识等。现在，工厂的自动化水平越来越高，设备越来越多，人员数量越来越少，仅凭提高人员的责任意识、加强对人员的管理已无法保证生产安全。在这种情况下，企业必须转变安全管理理念与策略，将对人的管理转变为对技术的信任，提高技术的安全性与可信度。

在油气管道的安全管理方面，IoT 技术发挥着至关重要的作用。如果企业能在油气管道设计、建设、运营、管理和维护的全过程引入 IoT 技术，就能更好地进行管道的完整性管理与失效控制，切实保证管道的运行安全。与单一的云端控制相比，边缘计算能切实提高各个生产环节的反应速度与响应速度。

例如，九江石化的工厂里陈设着各种炼化设备，管道布局非常复杂，一旦某个管道破裂就会造成有毒物质泄漏，甚至会引发爆炸。为了避免此类事故发生，九江石化利用 IoT 技术对设备、管道进行改造，使用 IoT 终端采集管道运行数据，将数据反馈到监控中心进行处理分析，由监控中心进行预测性维护。另外，专业终端集成模组还能进行自动检测，切实保障管道的运行安全。

6.3.3 智慧电网：边缘计算解决方案

在电力行业应用实践中，传统云计算解决方案暴露出了一系列问题。

（1）高成本。电力设备接口数量多、类型复杂，在应用云计算解决方案时，一方面需要工程师对相关设备进行安装、维护；另一方面需要开发人员编写接口，从而导致成本较高。

（2）时延较高。云计算解决方案难以支持对大量电力设备的实时控制，以及对设备数据的实时获取与分析。

（3）安全性较差。电力电网是关系国家能源安全和国民经济命脉的战略资源。传统云计算方案无法构建完善的安全体系，数据被泄露的风险较高。

边缘计算可以有效解决上述问题，为智慧电网建设提供强有力的支持。下面结合三种智慧电网业务场景，简单介绍一下基于边缘计算的智慧电网建设方案。

◆ 电路网线和变电场所智能监控

（1）业务场景。

对高压输电线路设施进行维护和安全监控是国家电网的一项重点工作。用电设备数量的快速增加以及电能消耗的较高不确定性对电网管理提出了更高的要求。例如，新能源汽车的推广普及使电网负担进一步加重；电网线路错综复杂，经常出现施工单位破坏电网的情况等。

现阶段，对输电设施与线路进行维护和安全监控，主要依靠电力工程师的定期现场巡检。电网设备繁多，巡检工作量大、风险较高，采用人工巡检常会出现效率低、成本高、维护期间断电、夜间不能工作等问题。而在线巡检、带电巡检技术及方案尚未成熟，应用成本相对较高。

（2）边缘计算解决方案。

在解决电网和变电场所维护和监控问题时，传统的解决方案是将收集到的海量视频图像数据传输至云服务器进行处理和分析。但实践证明，传输海量视频图像数据需要占用可视的网络资源，而且效率较低。为了降低成本，这类方案通常会降低数据回传的频次，导致电网无法实现实时监控与预警。

边缘计算可以为电力企业提供 7×24 小时的前后端协同智能监控解决方案：在前端配备 AI 模块，利用高清夜视摄像系统实时拍照并自动检测，将异常情况等有价值的数据及时传输到后端；在后端配备拥有强大计算能力的计算单元，利用前端提供的数据建立并优化模型。

◆ **储能电池预测性运维**

（1）业务场景。

IoT 技术的应用前景已经得到了社会各界的一致认可，但要想实现 IoT 在各行各业的落地应用，还要解决很多问题，如 IoT 节点能源问题，尤其是如何对电池电量进行科学管理，并延长电池的使用寿命。

以电动汽车为例，目前电动汽车使用的电池主要包括锂电池、铅酸电池和镍氢电池。为了保证电动汽车获得足够动力，这些电池往往具有较高的能量密度。电池的稳定性、安全性直接影响电动汽车的运行状态，当电池处于不稳定工作状态或故障状态时，不仅会导致汽车无法正常行驶，甚至可能引发严重的安全事故。

为了解决这一问题，电池厂商开发了电池性能评估系统，但该系统难以应对复杂的汽车行驶场景，不能为司机及电池厂商提供实时、精准的电池性能评估报告。而对电池性能进行实时精准评估，不仅可以帮助电池厂商及时解决电池故障、降低安全风险，而且有助于电池厂商设计出具有针对性的优化方案，大幅度延长电池的使用寿命。

（2）边缘计算解决方案。

基于边缘计算的电池运维解决方案引入了 AI 和大数据技术，显著提高了电池电能利用效率，延长了电池的使用寿命，降低了电池的运维成本。在深度学习模型的帮助下，边缘应用可以实时监测电池的运行状态，并实现突发事件自动预警。

基于边缘计算解决方案的电池评估系统包括前端边缘盒子与后端云平台

两大模块，部署方便、可扩展性高。前端边缘盒子首先利用控制器局域网络（Controller Area Network，CAN）总线接口实时获取电特性参数（如电流、电池温度、充放电电压等）和环境参数（如温度、湿度、负载等），然后借助电化学模型对电池性能进行初步评估，之后利用深度学习模型评估电池的综合性能。

后端云平台可以在数据存储、计算等方面为前端提供支持；基于电池大数据的全局信息，进行评估结果的交叉验证以及持续优化；应用特征学习[①]技术，借助多层次、多类型的神经网络（包括长短期记忆网络、卷积神经网络等）评估电池健康状况等。

◆ 配电网智能化

（1）业务场景。

在电网中，配电网主要发挥分配电能的作用，其组成部分包括架空线路、电缆、杆塔、配电变压器、隔离开关、无功补偿器及一些附属设施等。配电网中同时存在能量流和信息流，支持电力数据的双向通信，具有提高供电质量、降低用电成本等多种优势。

在智能电网建设中，智能配电网技术的研发和推进是一个重要领域。与普通配电网相比，智能配电网主要有以下几个特征。

- 具备强大的自我恢复能力。
- 可以应对自然灾害，保障供电稳定性。
- 兼容性强，支持多种发电和蓄电形式。
- 能够对电力设备进行优化，降低电网运维成本。

在具体应用实践中，智能配电网必须满足以下三点要求。

① 电力设备状态监测。电网中同时存在变压器、避雷器、接触器和断路器等设备，人工巡检工作量大、检测结果不准确。为了解决这些问题，智

---

① 特征学习是机器学习的组成部分，主要用于对数据的特征进行理解，从而帮助建立更好的模型。

能配电网应该有能力对其辐射范围内的电力设备状态进行实时监测，减少断电、漏电、电压不稳等问题。

② 电力质量管理。智能配电网可以支持信息在电力部门和用户间的双向流动。对于电力部门，智能配电网可以为其收集并统计用户端信息；对区域、组织甚至家庭用电规律进行总结，从而定制设计发电和配电方案，减少资源浪费；对于用户，智能配电网可以提供多元化的用电模式，并支持用户向电力部门提供反馈建议。

③ 新能源电力接入。基于煤炭等化石燃料的传统发电方式存在环境污染、资源浪费等问题，而使用风能、潮汐能、太阳能等新能源发电则能有效解决这些问题。目前，各国正在积极推进新能源的广泛应用。为了顺应这种趋势，智能配电网也应该支持新能源电力接入，高效配置新能源电力资源，逐渐降低我国对传统能源电力的依赖。

（2）边缘计算解决方案。

随着经济发展和社会进步，不间断供电需求越来越多。同时，用电安全性被提升到了全新的高度，对事故响应速度提出了更高的要求。部分电网公司引入了高级量测体系（Advanced Metering Infrastructure，AMI），并使用智能电表等设备对电力设备及用户数据进行收集，但通过这种方式收集到的数据规模非常庞大，即便应用云计算，也很难在短时间内完成数据的处理、分析与存储，从而影响配电效率和质量。

基于边缘计算的智能配电网解决方案将利用边缘设备对电力设备及用户数据进行高效收集并处理，然后将有价值的数据传输至云端处理。这既提高了配电网的运行效率，又降低了数据被泄露的风险。基于该方案打造的智能电网具有以下特征。

- 自愈性。边缘设备发现问题后，可以立即对故障区域进行孤岛控制，利用调节机制解决漏电、电压不稳等问题，之后再将其并入电网。

- 安全性。快速高效的故障处理能力保障了电网系统安全。

- 高质量。可以对区域内用电规律进行总结，提高供电质量。

- 交互性。靠近用户端的边缘设备可以让用户快速了解用电状况，并与电力部门方便快捷地沟通。

- 拓展性。支持新能源电力接入，可扩展性强。

6.3.4 【案例】国家电网：推进泛在电力物联网建设

在 2019 年"两会"期间，国家电网提出，建设世界一流的能源互联网企业的重要物质基础是要建设运营好"两网"，即"泛在电力物联网"与"坚强智能电网"，这是国家电网第一次在"两会"报告中提及"泛在电力物联网"这一概念。

2019 年 3 月 8 日，国家电网在北京召开了泛在电力物联网建设工作部署电视电话会议，会议提出要加快推进泛在电力物联网建设，并强调泛在电力物联网建设意义重大。泛在电力物联网不仅可以保证电网运行安全，提高电网管理效益与服务质量，使电网行业的投资更加精准，而且能将电网行业的独特优势充分发挥出来，开拓数字经济这一蓝海市场。

泛在电力物联网是指以电力系统各个环节为中心，利用移动互联网、AI等现代信息技术及先进的通信技术，将电力系统各个环节连接在一起，实现人机交互的一种智慧服务系统。该系统可以全面感知电力系统的运行状态，提高信息处理效率。

具体来看，泛在电力物联网涵盖了感知层、平台层、网络层和应用层。泛在电力物联网通过对大数据、IoT、云计算、区块链、移动互联网、边缘计算和 AI 等技术的广泛应用，将各种资源整合在一起，从信息和数据两个层面为规划建设、综合服务、经营管理、企业生态构建和新业务模式发展等提供了有力的支持。

在泛在电力物联网环境下，所有的人与物都可以在任何时间、任何地点连接交互，包括电力用户与相应的设备、电网企业与相应的设备、发电企业与相应的设备、供电商与相应的设备等。通过人与物的连接以及数据共享，电网企业、发电企业、供应商、政府和用户都可以享受到更优质的服务。因此，泛在电力物联网不仅是技术层面的变革，而且体现了管理思维和理念的创新。

目前，我国对泛在电力物联网建设制定了两个阶段的目标。

第一阶段：到 2021 年，初步建成泛在电力物联网。该阶段的目标包括以下三个。

（1）在对内业务层面，基本实现业务协同与数据贯通，提升电网安全经济运行水平、公司经营业绩与服务质量，实现业务线上率达 100%，营配贯通率达 100%，电网实物 ID 覆盖率达 100%，同期线损在线监测率达 100%，公司统计报表自动生成率达 100%，业财融合率达 100%，调控云覆盖率达 100%。

（2）在对外业务层面，初步建成公司级智慧能源综合服务平台，让新兴业务实现协调发展，初步形成能源互联网生态，实现涉电业务线上率达 70%。

（3）在基础支撑层面，初步实现物联管理统一、建成标准统一、模型统一的数据中台，具备数据共享与运营能力，电网业务和新兴业务基本实现平台化管理。

第二阶段：到 2024 年，全面建成泛在电力物联网。该阶段的目标包括以下三个。

（1）在对内业务层面，实现全业务在线协同与全流程贯通，电网安全经济运行水平、公司经营绩效与服务质量达到国家标准。

（2）在对外业务层面，建成公司级的智慧能源综合服务平台，形成共建、共治、共赢的能源互联网生态圈，引领能源生产、消费变革，实现涉电业务线上率达 90%。

（3）在基础支撑层面，实现物联管理统一、建成标准统一、模型统一的数据中台，实现对电网业务与新兴业务的全面支撑。

具体来看，泛在电力物联网有四大提升方向，具体如图 6-7 所示。

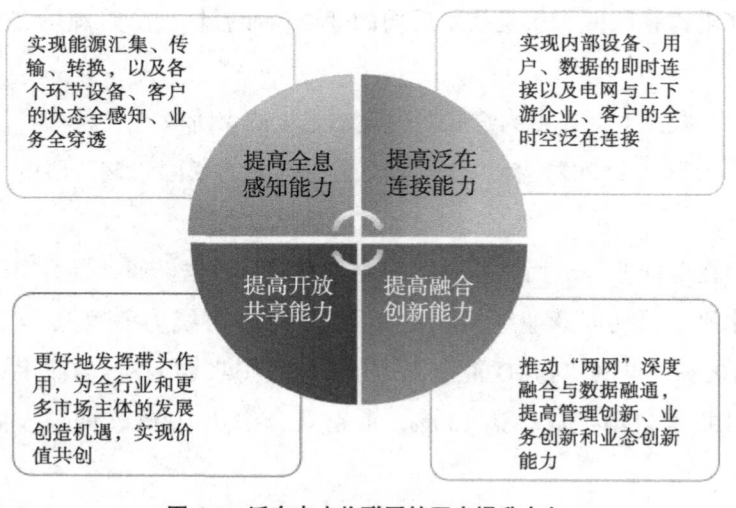

图 6-7　泛在电力物联网的四大提升方向

目前，国家电网的联网设备已初具规模，并且已经积累了海量数据。经过十多年的发展，国家电网已建成十大应用系统，这些应用系统分属两个层级，覆盖了企业运营、客户服务和电网运行等方面。

在 IoT 应用方面，国家电网已做好准备。据统计，目前国家电网已接入 5.4 亿台（套）智能电表，每天采集的数据量超过 60 TB，覆盖了超过 4.71 亿客户的用电信息，车联网接入的充电桩超过 28 万个。根据输配电联盟披露的数据，除了智能电表，国家电网还接入了数千万台各类保护、控制与采集设备。预计到 2030 年，将有超过 20 亿台设备接入泛在电力物联网，它将成为接入设备最多的 IoT 生态圈。

面对规模如此庞大的 IoT 及潜在 IoT 设备，电力行业如何才能做好运行检修工作呢？面对分布式发电、用户微网、储能等综合能源管理问题，电力行业如何才能做到本地化的调度与监控呢？

为了做好泛在电力物联网的建设工作，国家电网以边缘计算为核心构建了一个四层的技术架构，具体如图 6-8 所示。

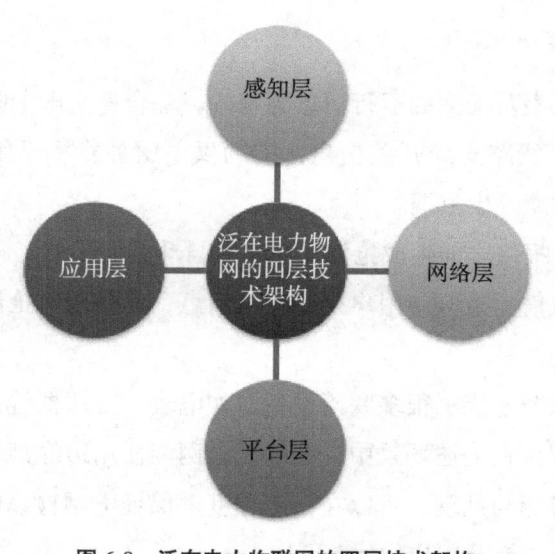

图 6-8　泛在电力物联网的四层技术架构

（1）感知层。其功能是统一终端标准，开展跨专业数据同源采集，在配电端、供电端覆盖更多的监控设备，提高终端的智能化水平及边缘计算水平。

（2）网络层。其功能是推进电力无线专网与终端通信建设，增加网络带宽，实现网络全覆盖，为新兴业务的开展提供网络支撑。

（3）平台层。其功能是对海量终端进行统一管理，做好全业务统一的数据中心建设，在更大范围内做好国家电网云平台建设，提高数据处理效率，增强"云 +IoT+ 端"的协同能力。

（4）应用层。其功能是促使核心业务实现智慧化运营，为能源互联网生态系统的构建提供支持，提高管理的质量与效益，推动业务转型升级。

泛在电力物联网建设之所以将边缘计算视为核心技术，是因为边缘计算能极好地满足泛在电力物联网建设的特定需求。下面以智能化精准运检和综合能源管理为例，对边缘计算在泛在电力物联网建设中的应用进行分析。

◆ **智能化精准运检**

（1）以电能表及配变的运行信息为基础，综合停复电上报事件与低压线路、配变、中压线路支线开关信息，借助供电服务指挥系统的智能研判功能，自动判定故障发生范围。

（2）在用户报修之前生成抢修工单，并自动派发工单。

（3）利用短信、微信向用户推送停电信息，提高故障抢修效率，为用户提供更好的用电体验。

因为电力系统连接了很多联网设备，如电表、变压器等，所以无法对信息进行集中处理。在上述场景中，在区域电网内使用边缘计算对电网的运行状态进行智能检测与处理，可以在一定程度上保证电网检修的实时性，保证电网的运行安全，提升用户的体验。

◆ **综合能源管理**

（1）通过对用户端的可控负荷进行整合，使电网可调控容量占比与新能源并网承受能力得到切实提升。

（2）对分布式新能源进行聚合，通过协调控制、源荷预测和智能计量降低新能源接入成本，为无序并网问题提供有效的解决方案，使分布式新能源的接纳能力得到切实提升。

（3）将分布式电源、储能设备和可控负荷整合在一起，提高冷、热、电整体能源供应效益，促进清洁能源消纳，推动绿色能源转型。

在分布式能源、储能等技术的基础上构建的"虚拟电厂"涉及区域性的综合能源管理，非常适合使用边缘计算。将边缘计算用于此场景，可以切实提高区域内电力资源的管控效率与调度效率。

第 7 章

智慧交通：引领 5G 时代的
智能交通变革

7.1　边缘计算在智能交通领域的发展与应用

7.1.1　边缘计算在智能交通领域的应用价值

根据目前的市场需求情况可以预测，未来通信行业与交通行业将呈现迅猛发展的态势。这是因为随着社会的发展，信息交流与物理交流的频次迅速增加。信息交流有赖于通信行业的发展，物理交流则有赖于交通行业的发展。因此，集先进通信技术与交通技术于一体的智能交通的发展受到了业界的广泛关注。

智能交通的快速发展能给人们带来诸多便利。例如，城市车辆在智能交通的支持下能够迅速完成对路况信息的采集与分析；高铁依靠智能交通能够高效地完成运输任务；远洋航海的工作人员通过智能交通可以与亲朋好友保持联系等。从目前的情况来看，以无人值守轨道交通为代表的智能交通技术拥有广阔的发展空间。

边缘计算在智能交通领域中已经得到应用。具体来看，边缘计算在智能交通领域的三大应用价值如图 7-1 所示。

◆　**让智能交通更具安全性**

铁路、公路、航空和海运等交通行业都将安全放在首位。尽管部分科技企业在自动驾驶技术的研发方面取得了初步的进展，但在技术应用方面的进展却比较缓慢，这是因为受到了安全因素的限制。边缘计算的快速发展与应用有望解决智能交通行业所面临的这一问题。

在遇到危险时，人们的第一反应是下意识做出的，而不是由大脑指挥做

图 7-1　边缘计算在智能交通领域的三大应用价值

出的。智能产品及设备也应该具备这种反应能力。以自动驾驶汽车为例，当汽车在危急情况下需要紧急刹车时，如果仍需将实况数据发送给云端，再由云端将刹车指令传达给汽车，汽车根据指令进行反应，那么整个过程所需要的反应时间会很长，很可能无法避免事故的发生。如果赋予汽车数据处理能力，就能够提高其应对紧急情况的能力。

在实际的驾驶过程中还可能遇到这样的情况，临时的技术问题、信号干扰或自然灾害等会导致当地的自动驾驶汽车及其他智能交通产品无法接入网络。如果汽车能够利用边缘计算进行应对，就能降低交通事故的发生概率，从而提高自动驾驶的安全性。

◆ **使智能交通系统更具经济性**

IoT 的应用能够促进智能交通的发展。上海迪士尼就在外场实现了 IoT 的覆盖，并在网络系统中接入了 300 多个车辆检测器。

上海迪士尼所采用的技术优势主要体现在两个方面：一方面，车辆检测器安装起来并不复杂，可省去布线操作，使用简便；另一方面，上海迪士尼选择了 NB-IoT 技术，网络覆盖范围广，信号传递距离远，且车辆检测器的待机时间长达十年，可以及时获知所有停车位的信息，不仅可以为车主停车提供便利，而且能最大化地利用车位资源。

　　边缘计算能够有效地提高智能交通系统的经济性。举例来说，屏蔽门在很大程度上限制了城市轨道交通系统的自动化发展。目前，屏蔽门的开启与关闭仍需由列车司机手动控制，司机需要确认乘客都上车之后再关闭所有屏蔽门。如果以人类的神经系统做比喻，那么列车的屏蔽门系统只具备大脑，却无法通过末梢神经来控制终端的行为。针对这个问题，可以应用边缘计算，引入检测与控制技术，让列车的各个屏蔽门系统能够自动打开与关闭。这能有效提高智能交通系统的经济性，加快城市轨道交通的智能化发展。

　　云计算的应用能够提高智能交通系统的中央控制能力，边缘计算的应用则能够提高智能交通系统的终端反应能力。这两种技术的结合使用能够加速智能交通系统的整体运转，提高系统的经济性。

◆　**为乘客带来更多增值服务**

　　智能交通利用边缘计算能为乘客提供多元化的增值服务，优化整体的乘车体验。例如，移动电视传媒公司利用华为推出的智慧公交车车联网服务，在公交车上安装车载智能移动网关，通过运营平台来控制分散在各地的多媒体终端，不仅能为广告主提供更有针对性的营销服务，而且能提升乘客的乘车体验。

　　车载智能移动网关能够提前加载部分数据，即便在网络信号较差的区域也可以提供服务。智能交通系统可以使用该技术为乘客提供网络连接服务。以轨道交通为例，只要在地铁上安装智能移动网关设备，列车就能在网络信号较好的车站进行数据加载，并在网络环境较差的车站为乘客持续提供网络服务。

7.1.2　边缘计算在智能交通领域的应用及面临的挑战

◆　**边缘计算在智能交通领域的应用**

　　（1）华为为深圳交通管制部门提供的高性能边缘计算服务器 Fusion Server 能够实时获取交通数据，在对数据进行分析、筛选后，将其发送给交通大数据平台，由该平台输出实时交通量及其他相关数据，并以拥堵区域、拥堵道路和拥堵位置等作为参考，对具体拥堵情况进行客观有效的判断与快速分析，然后把分析结果发送给边缘端。该方案以主动感知信号取代传统的被动采集，以宏观布局取代传统的局部调整，对信号配时方式进行优化，通过追踪流量来源、设置交通诱导进行车辆调度，解决道路拥堵问题，从各个方面提高交通管制的能力。

深圳交通管制部门实施该方案后，缩短了部分重点路段的高峰期拥堵时间，加速了某些重点路段的车辆运行，从整体上提高了城市交通管理的智能化水平。

（2）IoT 解决方案和数据运营服务提供商海康威视于 2017 年 10 月推出了基于神经网络的认知计算系统"海康 AI Cloud 框架"。

未来，边缘智能将引入 AI 算力，实现两者的结合。海康威视推出的 AI Cloud 框架主要包括三大部分，分别是云中心、边缘域和边缘节点。这个框架将边缘计算与云计算相结合，从端到中心进行了全面覆盖。

在应用边缘计算与云计算的基础上，海康威视开发了许多 AI 智能边缘设备，如海康超脑、海康深眸、海康明眸和海康神捕等，这些设备内置高性能 GPU 计算芯片，并运用了深度学习技术。

海康威视开发的 AI 智能边缘设备可以通过边缘端对视频或图片里的人的面部、身体以及车辆信息进行识别、提取与分析，将数据发送到云端进行统一处理，还可以根据本地需求进行数据分析与应用。

边缘计算可以应用于交通行业的信控领域。云平台将信控配时、路网数据、过车数据等集中起来，再把它们交给具备超强处理能力的计算中心进行分析。

用于路口终端的边缘计算系统能够独立分析交通运行情况，并根据具体场景制定路况管理预案。

◆　**边缘计算在智能交通领域面临的挑战**

我国高铁发展水平位居世界前列，我国的汽车制造与消费规模也居世界前列，这些都表明我国拥有发展智能交通的良好条件。

边缘计算在促进智能交通发展的同时，也面临着诸多挑战，具体如图 7-2 所示。

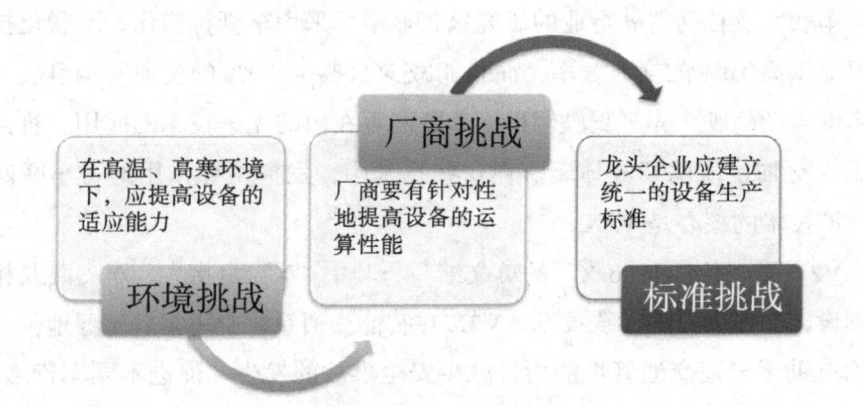

图 7-2　边缘计算在智能交通领域面临的挑战

（1）边缘计算设备的使用环境一般具有高温、高寒等特征，因此必须提高相关设备的适应能力，使其能在复杂的环境中保持正常运转。

（2）边缘计算设备的运算及加载能力具有较强的针对性，厂商应该根据具体任务提高设备的运算性能。

（3）边缘计算设备在不同环节的应用过程中涉及诸多厂商，而各个厂商采用的设备生产标准不同。针对这个问题，智能交通领域中的龙头企业应该发挥主导作用，建立统一的设备生产标准。

7.1.3　边缘计算在车联网领域的应用

在智能驾驶快速发展的推动作用下，被引入车辆环境中的应用数量持续增加。为了给这些应用提供相应的计算支持，车辆本身需要具备更强的计算能力。百度开发的无人驾驶汽车为了获取附近车辆、行人及相关的环境数据，应用了具备较强计算能力的计算机系统，百度为此投入了巨额资金。从长期发展的角度来看，只有强化成本控制，才能实现智能驾驶的商用和民用化发展。要想降低智能驾驶的成本、提高数据分析效率，就必须应用边缘计算。

车联网及自动驾驶行业的研究报告显示，采用车辆智能化、网联化技术不仅能提高 10% 的交通效率，而且能减少 50% ~ 80% 的交通安全事故。包括高度自动驾驶、先进驾驶辅助、车联网等在内的先进技术的应用，将为用户提供更加优质的驾驶体验。在这些技术中，发挥主导作用的是车联网技术，该技术的核心是 V2X。

V2X 是 "Vehicle to X" 的英文缩写，其中 "X" 是指人、车、路及相关基础设施。作为一种无线技术，V2X 在智能交通系统中占据着重要地位，其应用有助于提高交通管理能力，减少安全事故的发生，促进不同车辆之间、车辆与互联网之间、车辆与基础设施之间的高效连接，对行人、道路等基础信息及实时路况数据进行采集，通过数据分析加速车辆运行，减少交通拥堵。无论是在智能交通领域，还是在自动驾驶领域，V2X 都发挥着重要作用。V2X 利用先进的车载通信设备连接车辆、交通管理网络、基础设施和行人等，把实时获取的数据传递给信息终端，为用户出行提供决策依据。

如果在车联网场景中使用传统的云计算技术，那么数据传输速度比较慢且信号不稳定，难以为用户提供优质的体验。在汽车平视显示系统中应用 AR 可以给司机提供有价值的信息，提升其视觉体验，但 AR 的应用对车辆计算能力的要求较高，单辆车很难满足其计算需求。随着自然语言处理技术、语音识别设备在车联网系统中的应用，用户能够获得更好的驾驶体验，但这些应用都对车辆的计算能力提出了更高的要求。在这种情况下，如果能够利用车辆附近的移动通信设备，就能通过边缘计算解决这个问题。

边缘计算与云计算的区别在于，前者能够通过以手机为代表的终端，以及以基站、网关为代表的边缘设备的计算能力，将数据处理工作在数据源头完成。在网络系统中，边缘计算采用分布式架构，本地计算系统负责处理所在地区的用户请求。

与集中式架构相比，分布式架构的优势在于：能够以低时延进行业务处理；本地进行决策制定，提高网络传输效率；减少网络拥堵；本地进行数据处理和决策，减少网络传输负担；为数据传输提供安全保障；本地进行数据加密处理，安全性更高；即使网络系统出现问题，也能维持正常的运转；应用可靠性更强。

将边缘计算应用于车联网时要重点解决四个问题：一是要共享计算资源；二是要提高车辆与基础设施交互的稳定性；三是要减少 MEC 产生的设备功耗，四是在基础设施建设方面要做好成本控制。

7.1.4 【案例】华为 Atlas 500 智能小站

超高速、低时延、高带宽是 5G 网络的典型特征，其大规模应用将带领我们走向 IoT 时代。届时，更加个性化、多元化的智能交通应用场景将大量涌现。例如，2019 年 7 月 17 日，华为官方宣布，华为 FusionCube 智能边缘一体机陆续在全国范围内启用。

华为 FusionCube 智能边缘一体机将部署在 ETC 门架或者路侧，并与省、部联网数据中心无缝对接，支持海量 ETC 门架收费系统的远程统一管理，这可以帮助有关部门高效开展现金和非现金拆分结算业务。

更加关键的是，华为 FusionCube 智能边缘一体机还能对车辆行驶数据及路况数据进行实时搜集，并在此基础上实现车流量监测、路况分析和预测，解决交通拥堵，实现车路协同，对违法行为进行抓拍并预警等。毋庸置疑，这将为智慧交通建设奠定坚实的基础。

Atlas 500 智能小站是华为 FusionCube 智能边缘一体机的核心模块，那么，这款智能边缘产品有哪些神奇之处呢？

◆ AI 计算能力

5G 时代的 AI 计算网络包括云、边缘和端三个部分。

（1）云：对数据进行汇总、分类，并持续对模型进行训练和优化，将更为成熟的模型提供给边缘。

（2）边缘：连接云和端的媒介，利用云提供的模型对端提供的数据进行实时分析，并开展智能决策；同时，将高质量数据传输给云，帮助后者优化模型。

（3）端负责收集数据，执行指令，并完成简单的计算。

Atlas 500 智能小站属于边缘设备，具备强大的 AI 计算能力，可以满足车辆特征统计、图像分析识别、车牌识别对比等多种 AI 计算需求。

◆ 云协同能力

Atlas 500 智能小站可以与私有云、公有云高效协同，由云推送应用、更新算法，并对设备进行统一管理和软件升级，是一种面向端、边、云的全场景 AI 基础设施解决方案。同时，Atlas 500 智能小站支持 Wi-Fi 和 LTE 两种无线通信方式，能够满足多元化的网络接入及数据传输需求。

◆ 低能耗、体积小、易部署

华为 Atlas 500 智能小站功耗极低，应用成本较低，而且占地面积小，部署方便快捷。从实践经验来看，边缘环境较为复杂，设备需要适应楼顶、路侧、水池和野外等各类环境。华为 Atlas 500 智能小站应用了 TEC（Thermoelectric Cooling）半导体制冷散热技术，能够适应极端的运行环境。

◆ 开放性强

华为 Atlas 500 智能小站拥有开放算法仓库资源，背靠华为智能边缘服务软件 IES 和开源边缘管理系统 KubeEdge，支持第三方应用快速、低成本接入。这有助于华为 Atlas 500 智能小站整合更多的外部资源，满足用户多元化的应用需求。未来，华为 Atlas 500 智能小站不仅将在智能交通领域发光发热，而且将在医疗、零售、安防和工业互联网等领域爆发出惊人的能量。

7.2　边缘计算在自动驾驶领域的应用

7.2.1　新摩尔定律时代的自动驾驶技术

城市交通的运行涉及路网信息采集、驾驶运行等操作，在此过程中会产生许多人机交互行为，并产生大量数据。要想对这些数据进行计算处理，就要发挥边缘计算的作用。

在大数据时代，人们可以利用先进的技术获取海量的数据，但要挖掘数据中蕴藏的价值，这就要对这些数据进行计算。举例来说，AI 程序 Alpha Go 通过自我学习优化了自身的性能，自动驾驶同样要在模拟实验中提高自身的环境适应能力与控制反应能力。从本质上来说，数字世界的发展依靠的是计算而不是数据。

在云服务时代，云计算取代了传统的本地计算。而在 IoT 时代，移动互联网采用的云计算将逐渐转变为边缘计算。边缘计算对云端和网络的依赖性较低，更加注重可靠性、实时性。以自动驾驶汽车为例，即便在信号条件较差的区域，车辆也能够在离线状态下保持正常行驶。

与数据中心计算不同的是，边缘计算对供电系统的要求较低，但要实现低功耗，负责进行数据计算的处理器需要具备较高的性能。从这个角度来说，自动驾驶汽车的发展有赖于智能处理器在计算方面提供的支持。

边缘计算对算力的要求也比较高。例如，在自动驾驶汽车领域，汽车的自动化程度可分为不同等级，从 L1 到 L5 每提高一个等级，计算量就会呈指数级增加。另外，边缘计算不同于数据中心计算，更注重实时性。所以，处理器的计算能力在很大程度上决定了边缘计算的发展水平。

目前，传统的摩尔定律 [①] 已经被打破。新摩尔定律的实现有赖于场景驱动。依靠软件算法、场景支持的计算架构能够保持新摩尔定律的适用性。根据当前的情况，预计到 2025 年，若每 1000 美元能够买到的计算机性能达到 1000 TFLOPS，则相关的算力便可满足 L5 级自动化无人驾驶的需求。按照这个速度进行相关软件系统的开发，2030 年将能够实现 L5 级无人驾驶。

值得关注的是，1000 TFLOPS 的算力接近于人类大脑的性能，这并非巧合。当自动驾驶汽车在行驶过程中遇到较为复杂的情况时，需要根据自身的判断能力进行处理。在这种情况下，只有具备接近于人类大脑的能力，才能有效地处理问题。

摩尔定律在发展过程中出现了一些有趣的现象。新摩尔定律除了依靠物理制程的优化，还会将硬件与软件集成为一体。

把硬件和软件集成为一体来发展摩尔定律的方式，将促进边缘计算在 AI 领域的应用。对于以边缘计算为核心的 AI 处理器来说，其价值将通过自动驾驶汽车得以集中体现。

7.2.2　5G 时代的边缘计算与智能驾驶

近年来，汽车行业在自动驾驶领域展开了积极的探索。此外，AI 行业也致力于在自动驾驶领域进行应用开发。自动驾驶领域已经吸引了众多企业加入。自动驾驶技术可以取代人工进行驾驶操作，为人们提供智能化的服务。可以肯定的是，自动驾驶技术能够给人们的生活带来许多积极的影响。自动驾驶的普遍应用有望提高人们的出行效率，同时还能促进太阳能、风能、电能等能源的广泛应用，减少环境污染，提高人们的生活质量。

目前，自动驾驶汽车还在开发过程中，以优步、谷歌为代表的企业纷纷

---

① 摩尔定律由英特尔创始人之一戈登·摩尔提出，其内容为：当价格不变时，集成电路上可容纳的元器件的数目每隔 18~24 个月便会增加一倍，性能也将提升一倍。换言之，每 1 美元所能买到的计算机性能每隔 18~24 个月将翻一番。

在该领域展开深度布局，积极进行自动驾驶技术的开发与应用，并致力于在 2020 年前将自动驾驶汽车真正推向市场。交通行业正努力寻找能够降低安全事故发生概率的方法，并寄希望于自动驾驶汽车。自动驾驶汽车在运行过程中会产生大量的数据，并且需要与周围的汽车实现信息交互。这就要求车辆本身能够快速进行数据分析，并与其他车辆共享数据，边缘计算则能够为此提供有效的解决方案。作为新一代无线通信网络，5G 的速率可达 20 Gbps，时延低至 1 毫秒，连接密度高达每平方公里 100 万台连接设备，并且能够极大地提高网络的稳定性。5G 网络以优质的 IoT 架构服务于智能驾驶，能够利用边缘云、核心云以及快速的计算能力帮助联网车辆获取行人、道路的相关数据，及时了解路况信息，让自动驾驶取得突破式发展。

具体应用场景决定了自动驾驶要依靠边缘端进行大部分数据处理。自动驾驶汽车在运行过程中需要实时了解附近的车辆、行人及其他交通信息，为此要进行高效的数据采集与分析。根据英特尔的预测，一辆运行 8 小时的自动驾驶汽车所产生的数据超过 40 TB。这些数据需要经由网络进行高效发送与接收。

在网络连接足够强大且能保持稳定的情况下，经由网络进行数据发送与接收所需的时间在 150 ~ 200 毫秒之间。从汽车运行的角度来看，这个时间并不短，在完成数据发送与接收后，系统还要及时制定运行指令来控制汽车的运行。因此，在自动驾驶汽车中应用边缘计算很有必要。

车辆的运行、AI 技术的应用都对处理器的计算能力及系统内存的存储容量提出了更高的要求。如果在自动驾驶汽车上安装处理器与服务器，必将增加自动驾驶汽车的成本，并影响汽车原有的架构。另外，服务器本身对运行环境的要求非常高，若将其安装在自动驾驶汽车上，不仅无法为车辆营造良好的运行环境，而且会干扰机器的正常运转，增加电力消耗和汽车的负载。

此外，依靠车辆本身进行数据处理，很难对各个方面的交通信息进行综合把握，难以据此制定运行指令。考虑到这些因素，为了分担车辆的数据获取及分析任务，需要在路边建设基站，利用 5G 网络与汽车保持高效的信息连接。

7.2.3　突破无人驾驶商业化的发展瓶颈

1939 年，美国工业设计师诺曼·贝尔·格迪斯提出了"无人驾驶"这个概念。后来，美国与英国都通过了无人驾驶认证。很多企业在认识到无人驾驶汽车的价值后，都在这个领域展开了大规模的布局，其中既有实力型的企业，也有互联网科技企业与研究机构。例如，国外企业以特斯拉、奔驰、谷歌为代表，斯坦福大学也致力于无人驾驶技术的开发；国内企业以百度为代表，该公司开发的无人驾驶汽车已经在 2017 年成功完成了北京五环的测试。另外，比亚迪公司也在该领域展开了布局。北京理工大学同样致力于无人驾驶汽车技术的开发，并取得了一系列的成果。

近年来，很多企业积极投身于对环境感知技术和车辆控制技术的开发与应用。其中，环境感知技术能够让汽车实时收集当前道路、障碍物的相关数据，并把数据发送到车载计算机，然后按照汽车的预定目标与道路情况选择最佳行车路线。

以视觉传感、微波传感和激光传感为代表的感知技术得到了广泛的应用。将感知技术与车载雷达、传感器结合使用，就能及时完成对环境信息和距离信息的采集，以二维或三维图像显示出来，然后利用图像识别、距离识别技术对车辆周边的环境情况进行把握。

车辆控制技术以环境感知技术的应用为前提，利用自动转向控制系统发送控制指令，让汽车按照正确的方向、路线行驶，并且能够对汽车的行驶速度、车距等进行自动调节，还能控制汽车进行超车、换道。在具体实施过程中，该技术只有与其他控制系统结合使用才能发挥作用，如紧急制动系统、车道偏离系统、自动泊车系统和自适应巡航控制系统等。

尽管无人驾驶汽车能够依靠环境感知技术与车辆控制技术顺利通过早期的应用测试，但要想实现无人驾驶汽车的大范围应用，还需要其他技术的配合。这是因为，只有具备足够的数据存储及运算能力，才能提高无人驾驶汽车的智能化水平，确保车辆运行的安全。其中，有很多数据应用涉及图形图像的获取与分析。

传统服务器与处理器无法满足无人驾驶汽车对数据存储与计算的需求，必须采用 GPU 实现，且依靠车载计算机无法完成对海量数据的分析与处理。这是因为处于行驶状态的无人驾驶汽车在与云端进行信息连接的过程中，有赖于超大宽带、超低时延的网络支持，而当前的网络无法满足其需求。

举例来说，百度在北京五环通过了无人驾驶汽车的测试，但这个测试仅针对低速运行的单辆车，当某条路上同时行驶上千辆无人驾驶汽车时，当前的 4G 网络无法同时完成所有车辆信息的高效传输。

无人驾驶汽车在行驶过程中识别出障碍物后，会与云端进行信息连接，然后根据云端发出的指令执行操作。汽车在接收指令并执行操作前必须等待，如果云计算平台不在近距离范围内，且网络不畅通，那么汽车将无法快速规避障碍物，从而引发交通事故。当前的 IoT 宽带较低，仅能满足无人驾驶汽车的部分需求，无法进行海量数据的高效传输。

因此，尽管无人驾驶汽车能够通过单辆车的测试，但难以实现规模化应用。要想促进无人驾驶汽车的规模化发展，就要实现大规模数据的通信及高效连接，边缘计算则能在此方面提供足够的支持。

IBM、诺基亚和西门子于 2013 年合作打造的计算平台应用了 MEC 技术。MEC 技术通过移动网络边缘提供数据处理与计算服务，缩短了服务与移动用户之间的距离，从而加快了网络操作与服务交付。MEC 计算具有高宽带、低时延、近距离等特征，能够让无线网络依靠本地性能进行业务处理与运行指令的制定。

MEC 系统由平台管理子系统、路由子系统、能力开放子系统和边缘云基础设施四部分构成（见图 7-3）。其中，边缘云基础设施是指分布在边缘侧的小型数据中心，其他子系统是 MEC 服务器的构成部分。

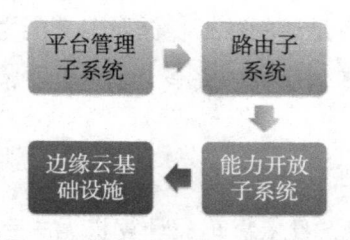

图 7-3　构成 MEC 系统的四个部分

随着 IoT 的快速发展，万物互联时代即将到来，不同物体之间都能以智能化方式进行连接，智能设备可以通过传感器实现联网操作。MEC 能够将数据分析处理工作交由边缘端完成，为 IoT 进行物与物之间的连接提供支持。随着连接规模的扩大，数据量也会增加，这对数据储存及传输能力提出了更高的要求。拥有强大存储与计算能力的云计算能够提供有效的解决方案。然而，若将所有数据处理工作交由云计算完成，则要利用网络把边缘端产生的海量信息都发送给云端平台，这种方式不仅耗时长，而且会增加传输成本。另外，如果把数据发送给云端，再由云端将指令传递给终端，那么会降低数据处理与指令的发送效率。

在 IoT 数据持续增加的情况下，如果通过增设数据中心并扩大其规模来进行海量数据的分析与处理，不仅需要投入更多的成本，而且会降低系统的可靠性。与之相比，MEC 的规模较小，且与终端的距离更近，能够通过移动边缘进行数据存储与分析，将海量数据的处理工作交由应用端完成，无需增设大型数据中心。这不仅能够降低成本，而且能保证系统的可靠性。

7.2.4　边缘计算在自动驾驶汽车领域的应用价值

5G 能够为自动驾驶汽车提供高宽带、低时延的网络通信服务。除了要做好网络层的准备工作，运营商还要做好终端工作，通过建设基站及小规模的"微基站"完成终端的接入操作。因为汽车内安装了许多感知设备，要想实现自动驾驶，就要实现这些感知设备与边缘网络的连接，并提高终端信息的传输效率。概括地说，就是要实现多接入、低时延和可靠性，具体如

图 7-4 所示。

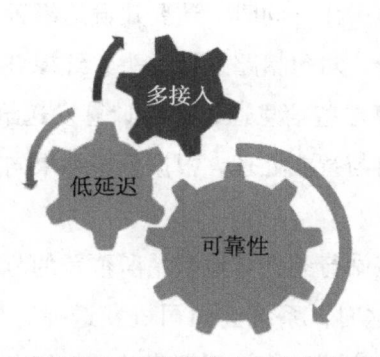

图 7-4　边缘计算在自动驾驶汽车领域的三大应用价值

◆ **多接入**

摄像头、雷达与激光雷达是自动驾驶汽车应用的传感器。其中，摄像头能够对路标与指示牌进行识别，但其容易受光线、天气因素的干扰。与之相比，雷达能够在恶劣的天气下保持正常运转，用于不同物体之间的距离测量。雷达与摄像头之间协同运作能够有效提高识别的精准度。考虑到接入层的终端数量较多，所有终端都要有专属的 IP，当出现交通拥堵问题时，这些 IP 应遵守 IPv6 协议。

◆ **低延迟**

5G 核心网控制面独立于数据面，使用网络功能虚拟化技术打破了传统网络部署僵化的局面，为分布式边缘计算的应用奠定了良好的基础。边缘计算把部分数据存储与处理工作交给边缘端，使部分数据无需通过云端就能完成计算与分析，通过这种方式提升了整个网络系统的数据传输效率，降低了时延，同时加强了安全性。自动驾驶对数据存储、数据分析及数据传输的实时性有很高的要求。未来，有望利用边缘计算实现路边单元、基站等与车辆之间的连接，在本地进行数据加密并根据数据分析结果进行决策制定，为自动驾驶提供高效、可靠的网络通信服务。

为了促进自动驾驶汽车的实际应用，未来需要增设大型基站，由其负责海量数据的存储与处理工作。同时，还要建设边缘云，由其负责为行驶中的车辆提供交通信息服务，对包括路边摄像头、红绿灯、路灯等在内的基础设施进行数据采集，再将这些信息通过边缘计算发送给自动驾驶的软件系统，由该系统进行数据分析与智能处理，根据分析结果向车辆发送指令，以此控制车辆。

当汽车从其所在基站行驶到其他基站所覆盖的范围内时，会进行不同基站之间的信号切换。这时，系统会向司机发送提示信息。在完成基站切换后，系统会与新的基站实现连接，根据新基站的指令执行操作。在基站切换的过程中，为了确保车辆的正常行驶，需要启动本地数据处理功能，将前一个基站的数据清空，避免其对新基站的数据传输产生干扰。

与此同时，利用云边协同技术可以保持不同基站的数据同步，将汽车在行驶过程中产生的所有数据整合起来发送给云端，由大型数据中心运用 AI 技术进行综合的数据处理，据此对自动驾驶汽车进行控制。

◆ **可靠性**

将 IoT 应用于自动驾驶领域，为车辆提供通信连接服务，即为车联网。自动驾驶汽车在行驶过程中，要与云端进行海量数据的传输，其中以视频数据居多。而当前的网络和云计算基础设施无法满足这些需求，要想解决这个问题，就要改变传统的网络布局。具体而言，当车辆识别出行驶途中的障碍物时，要以视频形式记录相关信息并迅速发送给云端，由云端迅速进行数据处理并及时向车辆发送操作指令，控制汽车进行刹车或躲避。只有采用智能化的处理方式，并确保信息传递的实时性，才能避免发生交通事故。所以，自动驾驶汽车对数据计算与分析提出了更高的要求：首先，必须做到低时延，要将时延降低到几毫秒的水平，及时为行驶中的车辆发送碰撞预警信息；其次，必须提高可靠性。要想确保自动驾驶汽车的安全性，就要提高信息传输的可靠性，确保处于高速行驶中的车辆也能够及时接收到准确的信息。

当自动驾驶汽车的应用越来越普遍时，车联网产生的数据量会持续增加，对数据处理与分析的要求也会不断提高。边缘计算能够就近通过边缘端完成数据的存储与处理工作，有效降低时延，满足自动驾驶汽车的行驶需求。

处于高速行驶状态的车辆，其位置是实时变化的。如果将 MEC 服务器安装在汽车上，就可以实时采集车辆的位置信息，确保通信的准确性。MEC 服务器能够实时分析自动驾驶汽车的相关数据，并以毫秒级的数据传输速度把分析结果传递给周围车辆，提高车辆制定运行指令的智能化水平。

综上所述，无人驾驶汽车拥有广阔的发展前景。MEC 利用边缘网络进行数据分析与服务提供，优化了网络资源的配置，提高了通信连接的效率及可靠性，加快了服务交付。依托 5G 技术，MEC 能够满足自动驾驶在数据存储、数据分析等过程中对网络通信服务的需求，为自动驾驶汽车提供有力的支持。